AF364048

VUES GÉNÉRALES

SUR

LA SOLOGNE.

A PARIS.

Chez **BRIAND**, libraire, hôtel de *Villiers*,
rue pavée St. - André - des - arts.

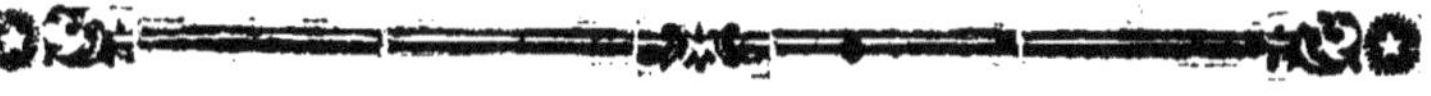

VUES GÉNÉRALES

SUR L'ÉTAT

DE L'AGRICULTURE

DANS

LA SOLOGNE,

ET SUR LES MOYENS DE L'AMÉLIORER.

Par M. HUET DE FROBERVILLE, *secrétaire perpétuel de l'académie royale des sciences, arts & belles-lettres d'Orléans.*

Patriæ prodesse optima virtus.

Imprimé aux frais de la province.

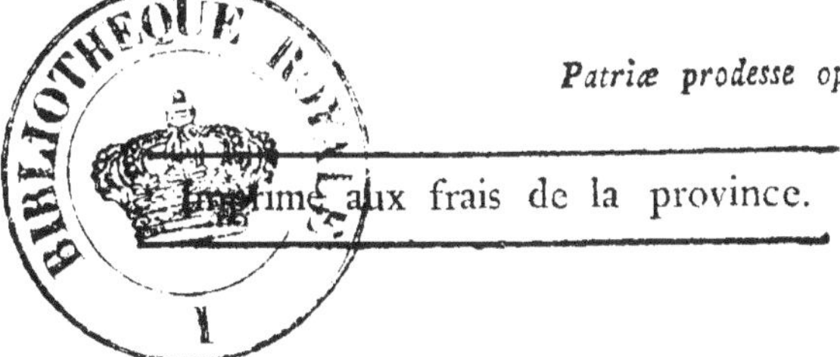

A ORLÉANS,

Chez **JACOB - SION**, imprimeur de l'académie royale des sciences &c., rue *Pomme-de-Pin.*

M. DCC. LXXXVIII.

Avec approbation & privilège du roi.

AVERTISSEMENT.

Au mois d'octobre 1787, l'assemblée provinciale de l'Orléanois demanda à l'académie, des éclaircissemens sur le commerce de la généralité d'Orléans, sur l'industrie de ses habitans, sur les manufactures qui y sont établies, sur le nombre des individus qu'elles occupent, sur le débouché des marchandises qui s'y fabriquent, sur les ressources qu'elles procurent; sur l'état de l'agriculture dans la province, sur les encouragemens dont elle pouvoit avoir besoin, sur les obstacles qui s'opposent à ses progrès; sur les nouvelles cultures, sur les moyens

de les y fixer et de les naturaliser ;
sur la multiplication des fourrages, sur
celle des bestiaux ; sur l'amélioration
des races, et sur tout ce qui est relatif
à ces connoissances.

La commission intermédiaire dési-
roit avoir ces renseignemens avant l'ou-
verture de l'assemblée, et malgré que
l'académie fût en vacances, le zèle
de ses membres ne leur permit aucun
motif d'excuses, ni de délais. Le
comité assemblé arrêta par une délibé-
ration, qu'on s'occuperoit incessamment
des recherches demandées, et que le
travail seroit distribué entre plusieurs
académiciens. M. Marcandier *fut chargé*
de recueillir ce qui concerne le commerce

AVERTISSEMENT.

de la ville d'Orléans , *et* M. Lemarci*s*
celui de la province. M. de Fay *promit*
de fournir un tableau de la lithologie de
l'Orléanois , considérée du côté de l'uti-
lité publique. On pria M. Prozet *de traiter*
les matières relatives à l'agriculture de la
province , à l'exception de la Sologne,
dont l'examen sous les mêmes rapports,
me fut confié. Tous ces mémoires par-
vinrent à l'assemblée, à la fin de no-
vembre et au commencement de décembre.
Je présentai le mien à M. le DUC de
LUXEMBOURG , qui voulut bien le
remettre lui-même à messieurs du bureau
de l'agriculture.

C'est cet ouvrage que j'offre aujour-
d'hui à mes concitoyens, encouragé par

AVERTISSEMENT.

le désir de leur être utile, et par l'accueil favorable qu'on a déjà daigné faire aux cinq premiers chapitres , lûs dans la séance publique de l'académie , le onze décembre dernier.

PRÉFACE.

L'Agriculture est une des branches de
la Physique; mais dans cet art, comme
dans presque tous les autres, la pratique
a précédé la théorie. Celle-ci est née de
l'observation, et des résultats comparés.
A mesure que les Sciences naturelles ont
fait des progrès, on a reconnu qu'une
multitude d'effets se rapportoient à un
petit nombre de principes, qui rappro-
chés et liés les uns aux autres, ont
formé un systême suivi.

Les premières notions de ce genre
ont dû être très-imparfaites, parce qu'on
n'avoit, ni assez observé pour le faire
avec fruit, ni recueilli assez d'objets
de comparaison pour en déduire des

principes certains. C'est cependant, en général, sur ces anciennes idées, qu'on a long-tems dirigé les procédés dans les arts. Ils n'ont pas même toujours suivi la progression des lumières, parce que l'empire de l'habitude, la méfiance, les préjugés ou l'impuissance, s'y opposoient conſtamment.

Les Romains, dans les tems vertueux de la République, honoroient l'Agriculture au point, que leurs premiers Magistrats, leurs Dictateurs, ne dédaignèrent pas d'exercer par eux-mêmes, ce qu'elle a de plus pénible. Quelque bornées que fuſſent alors les connoissances physiques, les terres étoient cependant beaucoup mieux exploitées, que lorsqu'on les eut abandonnées à des mercenaires ou à des esclaves, comme s'en plaignoit Columelle de son tems.

Nous tenons des Romains la plûpart de nos méthodes de culture, et comme eux, nous avons confié la pratique du premier des arts à des hommes grossiers et ignorans, formés exclusivement dès l'enfance, aux usages antiques de leurs Pères. Loin de trouver dans leur origine reculée des motifs pour en suspecter l'excellence, ils les adoptent avec plus de vénération, et ne cherchent pas même à savoir, s'il en est qu'on doive leur préférer (1).

D'un autre côté, les Savans ne sont pas toujours exempts de reproches. Quelques uns ont négligé la pratique, comme peu importante, et ne s'attachant qu'aux

---

(1) En général, il existe parmi les Gens de Campagne, un préjugé très-nuisible aux progrès de l'Agriculture. Ils sont tous persuadés qu'on étoit beaucoup plus instruit autrefois, que de nos jours. C'est le propre des vieillards de vanter le passé et de déplorer le présent. La jeunesse susceptible de toutes les impressions, se pénètre de leurs maximes, et lorsque le même esprit la gagne avec l'âge, elle les transmet à ses descendans, fortifiées de sa propre autorité.

principes, ils se sont appliqués à en tirer des conséquences purement spéculatives. On peut dire que l'étendue de leurs connoiſſances n'a ſervi qu'a les égarer, parce qu'elle leur a offert quelquefois des rapports apparens, et de fausses analogies. Leur théorie s'est trouvée démentie par les faits, et elle a eu une suite plus fâcheuse encore, en ce que son peu de succès a augmenté la défiance des Cultivateurs, contre toute espèce d'innovation.

Ainsi un mépris réciproque s'est établi entre deux classes de Citoyens, appellés au même but par des voyes différentes. Leur marche a toujours été lente et incertaine, lorsqu'ils pouvoient la rendre sûre et rapide, en se prêtant de mutuels secours.

Ceux qui, à l'étude approfondie des loix de la nature dans les observations des autres, ont jugé indispensable de joindre leurs propres expériences, ont été les vrais Agriculteurs, et c'est à eux seuls qu'on doit les changemens utiles, apportés dans certains endroits. Leur exemple a encore plus opéré que leurs écrits, parce que les Gens de Campagne ne lisent point, et qu'ils ne sont pas en état d'apprécier des vérités théoriques ; l'essentiel est de leur présenter des objets sensibles, et sur-tout d'exciter leur intérêt par des avantages non équivoques.

Nous n'écrivons donc point ici pour les pauvres Métayers de la Sologne. Il faut commencer par assurer leur sub- sistance , avant de leur demander des réformes coûteuses. On verra qu'une partie des moyens d'amélioration que nous proposons , et dont dépend le succès de tous les autres, ne peut s'at- tendre que du Gouvernement. Quant au systême d'Agriculture, il s'adresse aux Propriétaires riches et instruits, qui ont assez de courage et de zèle, pour s'é- carter les premiers de la route battue ,

et pour donner l'exemple. On ne leur
offre point de ces rêveries brillantes,
qui ne laissent rien à souhaiter, si ce
n'est de les voir réalisées. Nos garans
sont les expériences des plus célèbres
Physiciens-agronomes, des succès cons-
tatés dans plusieurs Cantons, dans quelques Provinces nationales et étrangères,
enfin ceux qu'ont obtenus un petit
nombre de Cultivateurs éclairés, dans le
Pays même que nous considérons (1).

L'honneur des découvertes ne nous
appartient point, et tout notre mérite,
si c'en est un, consiste dans un choix
de celles qui pouvoient nous fournir
des principes applicables à la Sologne,

______

(1) Depuis l'envoi de cet Ouvrage à l'Assemblée
Provinciale, il a paru un Mémoire sur l'amélioration
de l'Agriculture, par M. l'abbé de Commerell, dont
les vues s'accordent avec les nôtres pour la suppression
des jachères, et pour l'entretien du bétail à l'étable.
Cette conformité nous flatte d'autant plus, que l'Auteur
est Cultivateur lui-même, et qu'il cite ses expériences.

et dans la réunion de ces principes en un corps d'instructions, dont les parties se correspondent.

Le titre que nous avons donné à ce Mémoire, nous servira d'excuse auprès de ceux qui auroient désiré y trouver plus de développemens. Les détails sur un objet, en auroient nécessité sur tout le reste, et il n'entroit dans notre plan que de présenter des apperçus. Il en seroit d'ailleurs résulté un inconvénient, attaché pour l'ordinaire aux traités complets d'Agriculture ; les pratiques qu'on y recommande, sont toujours subordonnées à une foule d'exceptions relatives à la position des lieux, à la nature du sol, et à des circonstances qu'il n'est pas possible de prévoir. Quoique des vues générales semblent moins exclure les modifications, nous ne prétendons cependant pas avoir entièrement évité ce défaut. Nous laissons à la sagacité des Cultivateurs, le soin de déroger à nos préceptes, ou de les plier aux divers besoins locaux. Notre méthode tend à améliorer la terre, à en tirer le parti le plus avantageux, à multiplier les fourrages, les bestiaux et les récoltes. Nous applaudirons à tous les moyens qui atteindront ce but, fussent-ils différens de ceux que nous allons indiquer.

Malum est consilium quod mutari non potest.
Aul. Gell. noct. Att. l. 17. c. 14.

VUES GÉNÉRALES

SUR L'ÉTAT

DE L'AGRICULTURE

D A N S

LA SOLOGNE,

ET SUR LES MOYENS DE L'AMÉLIORER.

CHAPITRE PREMIER.

Topographie physique de la Sologne.

LA SOLOGNE est cette partie de l'Orléanois
bornée au nord par la Loire ; à l'est par la
ligne dans laquelle sont situés Châtillon-sur-
Loire, Concressaut, Henrichemont et Vier-
zon ; au midi par le Cher ; à l'ouest par
Montrichard, Pont-le-Voy et Blois. Le

Cousson, le Beuvron et la Saudre, l'arrosent de l'est à l'ouest, et reçoivent une multitude de petites rivières et de ruisseaux.

Le pays est en général assez plat. Un sable ferrugineux en quelques endroits, mêlé de cailloux roulés, et d'une très-petite quantité de terre végétale forme, presque par-tout, sa superficie; au dessous, le sable devient argileux, et ensuite on trouve l'argile seule. Un pareil terrein doit naturellement retenir les eaux, et faire de la Sologne un pays aussi insalubre que stérile.

La partie de la Sologne qui cotoye la Loire, se nomme le *Val ;* elle est beaucoup plus fertile, et mieux cultivée. La proximité de la Loire assure le prompt débit de ses denrées, et la fait participer aux avantages du commerce. On en peut dire autant de quelques cantons situés le long du Cher, et dans les environs de Blois. Aussi avons-nous principalement en vue dans cet ouvrage, la partie centrale de la Sologne dont l'inertie est plus marquée, et communément appellée *basse Sologne* ou *Sologne Orléanoise.*

CHAPITRE II.

Productions de la Sologne.

LE seigle et le sarrazin sont les principaux grains qu'on y cultive. On y voit peu d'orges, peu d'avoines, et encore moins de froments. Tous ces grains se consomment sur les lieux, et il est à présumer qu'ils s'y sont toujours consommés, dans les tems mêmes où la Sologne étoit mieux cultivée ; parce que sa population étoit plus nombreuse. On prétend cependant qu'elle a envoyé des seigles à l'Espagne.

On y cueille d'assez beaux chanvres ; mais ils suffisent à peine à la fourniture du pays (1).

Les prairies, les pacages, les bruyères, les genets, les friches, les étangs et les bois, occupent le reste du terrein de la Sologne. Les bestiaux font sa principale richesse ; mais

______

(1) M. l'abbé Tessier a calculé que dans une paroisse de 300 feux, on pouvoit recueillir, année commune, 5 milliers de filasse. Il avance qu'on n'en employe que très - peu dans le pays, et que la plus grande partie passe ailleurs, pour les manufactures de toiles et pour les corderies. Nous présumons que M. l'abbé Tessier se trompe, et nous croyons pouvoir le démontrer d'après son calcul même.

ils éprouvent ainsi que les hommes, et même les végétaux, l'influence de cette contrée malsaine et peu fertile. Leur espèce est petite,

---

La plûpart des bonnes fermes font au moins (*) par an, deux pièces de toile de 30 aunes, pour leur usage. Si nous comptons pour rien la consommation des habitans des petites villes, des bourgs et des hameaux, et qu'en compensation, on admette que chaque petite ferme employe également deux pièces de toile de 30 aunes, nous verrons que la consommation des 300 feux doit être de 18 mille aunes. Chaque aune de grosse toile de *férasse* pèse plus d'une livre; ce qui donne un résultat équivalent à quatre fois environ la récolte suppofée. Il faut d'ailleurs observer que sur les 5 milliers de filasse, on doit déduire le déchet, et que le surplus se divise en *férasse* ou gros chanvre, et en chanvre plus fin qui se vend aux habitans aisés. Croyons donc qu'en général, il se consomme et il se recueille en Sologne, plus de chanvre que M. l'abbé Tessier ne l'a supputé, d'après une seule paroisse; sur-tout dans la haute Sologne, et dans les lieux voisins de la Loire, du Cher et de la grande route. C'est aux foires de ces cantons, que se fournissent ceux qui n'ont pas assez cueilli pour leur usage le surplus, et particulièrement le beau chanvre, est exporté.

(*) Notre supputation paroit trop feible à bien des personnes. L'usage général, dans la plûpart des fermes, nous dit-on, est d'accorder à chaque domestique 7 aunes et un quart de toile. Comptez à peu-près 12 personnes par ferme, vous trouverez un emploi de 87 aunes, sans y comprendre pour le fond du ménage, les draps, les nappes &c., et pour le service de la ferme, les cordages, les liens des chevaux, des charrettes &c. On peut évaluer à un tiers de cette consommation, celle des locatures. Chaque ferme ou locature sème ordinairement 10 à 12 boisseaux de chenevis; et le produit de chaque boisseau dans une terre médiocre, est de 20 à 30 livres de filasse. Suivant ce calcul, une paroisse de 300 feux, dont la moitié seulement semeroit 10 boisseaux de chenevis, cueilleroit, année commune, 30 milliers de filasse, en ne comptant le produit qu'à raison de 20 livres par boisseau.

et leur constitution délicate. Enfin le poisson, le gibier et la volaille, y rendent aux gens aisés la vie agréable et peu coûteuse.

Avant de parler de l'agriculture, et des choses qui y sont relatives, nous jetterons un coup-d'œil sur la dégradation de la Sologne, et nous hazarderons d'ajouter quelque causes à celles qui ont été indiquées jusqu'ici.

CHAPITRE III.

Dégradation de la Sologne.

CETTE dégradation est certaine, et nous en avons des preuves (1) qui viennent à l'appui de celles qu'a données l'auteur du *mémoire sur l'amélioration de la Sologne.* Nous reconnoissons que l'inégalité de l'assiette de

(1) « En 1189, Gilon duc de Sully, en confirmant la
» donation de deux muids de seigle, faite par Archambaud
» son pere à l'Hôtel-Dieu d'Orléans, y avoit ajouté deux
» autres muids qui devoient être pris sur les terrages de
» Villemurlin, ainsi que les deux premiers. En 1482, les
» ducs de Sully refusant de payer ces quatre muids, l'Hôtel-
» Dieu fit faire par devant le juge de Sully un acte de no-
» toriété, par lequel il conste que l'Hôtel-Dieu avoit cou-
» tume de percevoir les quatre muids, lorsque la dîme et
» les terrages de Villemurlin produisoient 62 muids 8 mines;
» mais qu'il éprouvoit une diminution proportionnelle à
» celle de la dîme et des terrages. Depuis cette époque,

la taille, et l'impôt de la gabelle, en ont sans doute hâté les progrès, et qu'on ne peut guères se promettre de régénérer ce

---

» les terrages ont été convertis en redevances pécuniaires,
» et la dîme a passé entièrement entre les mains du cha-
» pitre de Sully. Nous avons appris par une lettre du syndic,
» que le terrage se percevoit au dixième, et la dîme au
» dix-huitième; et qu'actuellement cette dîme ne produisoit
» que 10 à 15 muids de seigle. Par conséquent les terrages,
» s'ils se payoient en nature, ne produiroient aujourd'hui
» que 27 muids, et la dîme et les terrages réunis 42 muids,
» dans les plus fortes années. Il y a donc un tiers de dimi-
» nution depuis 300 ans.

(*Actes des archives de l'Hôtel-Dieu d'Orléans.*)

» Au commencement du seizième siécle, les curés de
» Neuvi-sur-Beuvron, avoient abandonné au roi la dîme
» de leur paroisse. Cette dîme produisoit alors 7 muids et
» 9 septiers, mesure de Romorentin, qui furent évalués
» 180 livres. Le roi consentit à payer cette rente, afin d'em-
» pêcher que les curés ne se plaignissent que le gibier du
» parc de Chambord et de la forêt de Boulogne, faisoit tort
» à leur dîme. Le curé actuel est revenu contre cet abon-
» nement, et le roi a été condamné, il y a deux ans, à lui
» payer en nature 7 muids et 9 septiers, ou à abandonner
» la dîme. Ces 7 muids et 9 septiers, en supposant que le
» boisseau vaille 14 sols, produiroient actuellement 781 livres
» 4 sols, et cependant toute la dîme n'est affermée que 300
» livres. Il y a donc une différence de plus de moitié, entre
» la quantité du seigle qu'on cueille actuellement à Neuvi,
» et celle qu'on y cueilloit il y a 300 ans, dans un tems où
» la chasse étoit tres-exactement gardée, et où le gibier
» devoit faire un grand tort aux campagnes. »

(*Ces notes nous ont été communiquées par M. l'abbé* Dubois, *chanoine de l'église d'Orléans, membre de l'académie.*)

pays, tant que des charges excessives l'opprimeront. Mais ne doit-il qu'à ces seules causes, son état de dépérissement et de langueur ? Nous croyons en appercevoir d'autres, qui tiennent à des changemens de circonstances, à la révolution des mœurs, et qui, par là même, laissent moins d'espérance de les voir détruire. Il a été un tems, où la Sologne offroit une population nombreuse. Les fermes alors étoient très-divisées (1), et ce qui est bien plus avantageux encore , c'est qu'il y avoit une multitude de petits propriétaires. Les uns, répandus çà et là dans les campagnes, trouvoient au sein de leurs possessions bornées , une subsistance dont la majeure partie n'étoit dévorée ni par le fisc,

---

(1) Voici, ce nous semble, ce qu'on doit penser sur la question des grandes et des petites exploitations. Les premières sont avantageuses aux propriétaires et aux riches fermiers, en ce qu'il y a moins de bâtimens à entretenir, moins de frais de culture, et que ces épargnes les dédommagent amplement de la non-valeur de quelques terres négligées; les secondes sont avantageuses à l'état, en ce qu'elles augmentent les productions et la population. Elles le sont aussi au laboureur, quand il est propriétaire. Tel fond de terre qui ne pourroit à la fois nourrir son fermier, et payer son propriétaire, fait vivre avec aisance celui-ci, lorsqu'il exploite par lui-même. Le gouvernement ne peut empêcher la réunion des domaines; mais il est intéressé à favoriser l'établissement des laboureurs tenanciers.

ni par un maître avide. Les autres, réunis dans des hameaux, vivoient également du produit de quelque morceau d'héritage, ou d'un petit nombre de bestiaux nourris dans des communes, et du prix de leur travail.

Le régime féodal, si oppressif d'ailleurs, et si nuisible aux progrès de tous les arts, avoit fixé chaque seigneur et chaque propriétaire dans ses terres. On les vit s'y maintenir encore long-tems après la ruine de la féodalité. Ils communiquoient peu entre eux, et dès que les expéditions militaires (1) ne les occupèrent plus, ils commencèrent à donner leurs soins à l'agriculture. Outre le bien qui résultoit de leur présence habituelle, par une plus grande consommation des fruits sur les lieux, rien n'étoit plus avantageux pour un pays comme la Sologne, où l'œil du maître est toujours nécessaire, où une foule de détails exigent une activité constante, et où on n'arrache à la terre des productions, qu'en multipliant le soins et les avances.

____

(1) Nous parlons ici des guerres privées, infiniment plus cruelles et plus désastreuses, que celles qui avoient lieu contre les ennemis de l'état. Les nobles, jaloux de la conservation de ce droit barbare, résistèrent long-tems aux atteintes que la sagesse de nos rois chercha à lui porter. Il fut enfin aboli par une ordonnance donnée en 1413 sous Charles VI.

L'époque

L'époque de sa prospérité remonte au règne de Louis XII. On sait que ce prince tenoit souvent sa cour à Blois, en même tems que la duchesse d'Angoulême faisoit sa résidence à Romorentin. François Ier. passa même une partie de sa jeunesse dans cette dernière ville, et lorsqu'il fut monté sur le trône, il y amena plusieurs fois la cour (1). Le séjour des rois et de leur suite, entraîne une consommation immense. L'enlévement rapide des denrées, l'emploi des gens de travail de toute espèce, la fréquentation des routes, l'activité de l'industrie et du commerce, en sont les effets ordinaires.

Faut-il donc s'étonner si la Sologne ainsi vivifiée dans son centre, soumise en outre à des impositions modérées, et à des loix favorables à l'agriculture, présentoit un tableau si différent de sa situation actuelle? L'éloignement des astres bienfaisans qui la fécondoient, a commencé l'ouvrage de sa dégradation ; plusieurs événemens y ont concouru depuis.

---

(1) Le château qu'il y occupoit a été bâti par les princes de la maison d'Angoulême. François Ier. se proposoit de le reconstruire magnifiquement, et de rendre navigable la Saudre, sur laquelle il est situé ; mais une maladie pestilentielle survenue en 1535 lui fit changer de résolution, et il bâtit Chambord qu'il a souvent habité.

En 1549 , dit le président Hénaut, les guerres ayant augmenté les tailles, plusieurs habitans des campagnes , pour ne point les payer , vinrent se réfugier à Paris. Orléans qui offroit les mêmes privilèges, dut également attirer ceux de la province. Dès-lors l'impôt de la gabelle pesoit sur les peuples; Henri II l'avoit mise en ferme, et les Poitevins dans la requête qu'ils adressèrent au conseil la même année , au nom des provinces au - delà de la Loire , représentèrent que plus de dix mille familles vexées par les traitans , étoient allé chercher chez l'étranger , une subsistance qu'elles ne trouvoient plus dans leur pays. Les grands seigneurs devenus oisifs dans leurs terres, commencèrent à s'y plaire moins , dit encore le même historien ; ils se rapprochèrent de la cour , où la politique chercha à les fixer par des charges, par des bienfaits, et par la galanterie.

Les désordres des guerres civiles , qui affligèrent ensuite la France pendant plus de quarante ans , portèrent de nouvelles atteintes à la population, et à l'agriculture de la Sologne. Cette multitude de petits tenanciers , épuisée par les subsides et par les contributions, fut contrainte de se dépouiller de ses héritages.

La plûpart des titres de nos biens - fonds , composés des pièces morcelées, attestent cette vérité. Les peuples , après ces tems fâcheux , au lieu d'éprouver du soulagement , supportèrent de nouvelles charges. Le règne trop court, et trop agité du grand Henri , leur laissa à peine le tems de respirer. Dès la première année de sa mort, l'industrieuse rapacité des courtisans avoit déjà développé toutes les ressources du génie fiscal ; ils provoquèrent les impositions , et osèrent s'y intéresser. Des princes du sang , des ducs et pairs , des maréchaux de France , comme le dit un estimable écrivain (1) , calculoient avec de simples commis , le produit d'un nouveau droit, d'un nouveau péage. On mit ensuite la taille en partis , on la rendit solidaire , on vendit les anciens débets , on augmenta les aides , les gabelles et les autres impôts. Ces vexations durèrent tout le règne de Louis XIII. Il n'en falloit pas tant pour consommer la ruine d'une province pauvre par elle-même, et qui plus que toute autre, a besoin de la faveur privilégiée du gouvernement.

Le cardinal de Richelieu avoit achevé de

---

(1) Voyez *l'intrigue du cabinet* de M. Anquetil.

tirer les grands de leurs châteaux. Ceux-ci pour s'entourer de partisans dans une cour livrée à l'intrigue, entrainèrent leurs principaux vassaux, séduits par l'appât des récompenses. Le luxe et la corruption naquirent de cette politique, et devinrent cause et effet tour-à-tour. La population des villes s'accrut au détriment de celle des campagnes, et l'agriculture méprisée perdit à la fois sa faveur et ses soutiens. Pour peu que l'on connoisse la Sologne, on verra qu'elle dut être la première à ressentir les fâcheux effets d'une semblable désertion. Son terrein maigre et aqueux, abandonné à des métayers dépourvus d'avances, cessa d'être entretenu de fossés et d'égouts (1). Une partie des chemins, des traites de communication, fut rompue et délaissée. Les endroits sains par leur position reçurent seuls la culture. Le reste se changea en paca-

____

(1) La Sologne est couverte de vestiges d'anciens fossés, qui indiquent combien nos ancêtres jugeoient important de les multiplier : actuellement on les néglige de plus en plus. Les fermiers refusent de se charger de leur entretien trop étendu pour leurs facultés, et ceux qui y sont obligés par leurs baux ne remplissent point leurs engagemens. La plûpart des propriétaires ne sont pas mieux disposés à consacrer à ces frais, le peu de revenu qui leur reste, après avoir satisfait aux vingtièmes et aux réparations de leurs domaines.

ges marécageux, également funestes aux bestiaux qui les fréquentèrent, et à la santé des
hommes exposés à leurs exhalaisons meurtrières.

Telles sont les tristes révolutions qu'ont
opéré dans la Sologne, l'excès des impôts,
la destruction des petites possessions, l'ab-
sence des propriétaires, et le soufle brûlant
d'un luxe effréné. A la vérité, depuis 1763,
les encouragemens accordés à l'agriculture
ont apporté quelque régénération : mais s'il
est vrai que la population d'un pays soit la
mesure de sa richesse, et de ses productions ;
il s'en faut beaucoup que la Sologne approche
de son ancien état de prospérité. D'ailleurs
il paroît prouvé que cette amélioration n'est
vraiment sensible que dans la haute Sologne,
c'est-à-dire, dans la partie la plus fertile,
la mieux cultivée, la plus voisine des débouchés, et où presque tous les domaines
sont affermés.

CHAPITRE IV.

Moyens généraux d'amélioration.

C'EST être dans une position cruelle, sans doute, que de connoître les racines du mal, et de ne pouvoir les extirper. Les besoins de l'état ne nous laissent en ce moment aucune espérance de voir réduire les impôts. « Il est impossible , » dit M. de Forbon- » nais , « de soulager le peuple, quand les » états doivent de gros intérêts à leurs créan- » ciers ; leur désavantage est de ne pouvoir » presque jamais diminuer leurs dépenses. » D'un autre côté, il ne seroit peut - être pas plus absurde d'attendre des grands proprié-taires, qu'ils distribuassent gratuitement des portions de leurs terres , que de les con-traindre à venir les habiter, ou que d'établir des loix somptuaires dans un grand état mo-narchique. Les maladies qui tiennent à la vieillesse des empires sont presque incura-bles. On est obligé, le plus souvent, d'avoir recours à des palliatifs : l'essentiel est de choisir ceux qui, à moins d'inconvéniens , réunissent plus d'efficacité. Cherchons s'il en existe de cette espèce pour la Sologne, dont l'amélioration depuis vingt ans n'annonce pas de nouveaux progrès à l'avenir, si on ne s'occupe plus d'autres moyens de la révivifier.

Loin de nous, et de toute ame honnête, cette maxime détestable qui se trouve encore dans la bouche de quelques hommes amis de l'oppression ; *que si les pauvres n'étoient pas accablés d'impôts, ils ne travailleroient pas.* C'est en Sologne, nous le disons à regret, qu'on a tenu ce langage barbare, pour écarter la juste répartition de la taille, et pour disposer à son gré de la vie du misérable.

Pour nous, nous pensons avec l'auteur du *mémoire sur l'amélioration de la Sologne,* que l'égalité dans le régalement de cet impôt, est un des premiers objets à prendre en considération. La justice, l'humanité la reclament en faveur de la Sologne évidemment surchargée. Elle offre un moyen de diminuer l'excès de la contribution, sans altérer les revenus de l'état : mais pour en rendre les effets plus sensibles, il faudroit sur-tout, selon la remarque du même auteur, que la répartition se fît, non pas seulement entre les paroisses d'une même élection; mais entre les douze élections de la généralité, et qu'on eût égard à la qualité, à la position des biens (1), aux dîmes et terrages dont ils sont inégalement chargés. Ce travail est épineux; mais le zèle en applanira les difficultés à l'assemblée provinciale. Elle trouvera dans les lumières de ses membres, et dans la confiance qu'elle doit naturellement inspirer, des facilités inconnues jusqu'ici.

On convient aujourd'hui que la plûpart des métayers de Sologne, qui font les grains à moitié, sont misérables (2) ; parce que leur portion de récolte ne suffit pas pour remplir leurs avances, supporter les pertes, se nourrir et payer l'impôt. Il est vrai que dans les tems heureux de la Sologne, on ne connoissoit, pour ainsi-dire, que les baux à moitié ; mais les circonstances qui rendoient alors ces

---

(1) *Cum aratori aliquod onus imponitur ; non omnes si quæ sunt præterea facultates, sed arationis ipsius vis ac ratio consideranda est ; quid ea sustinere, quid pati, quid efficere possit ac debeat.* Cic. Verr. de frum. n. 199.

(2) Il faut excepter ceux dont les fermes sont situées dans le voisinage des villes, dont les terres sont d'une qualité supérieure, ou qui jouissent par les clauses de leur baux, de quelques autres avantages. Presque tous les laboureurs de la haute Sologne sont fermiers aisés, et un grand nombre sont propriétaires : dans la basse Sologne dont nous nous occupons, ils sont métayers et pauvres.

contrats

contrats tolérables, ne subsistent plus. C'est par un intérêt odieux et mal entendu , qu'un propriétaire fait accepter cette dure loi à un malheureux, pressé du besoin de vivre. Tôt ou tard, son avidité déçue ne lui montre en son fermier qu'un débiteur insolvable. Il faut non-seulement qu'un laboureur vive avec sa maison, et qu'il soit en état de faire des avances primitives et annuelles ; il faut encore qu'il lui reste un pécule, fruit de son labeur, pour les pertes imprévues , pour les accidens, pour l'établissement de sa famille. Voulons-nous repeupler la Sologne, et voir multiplier ces petits propriétaires qui faisoient autrefois sa richesse ? Soyons justes et humains ; contentons-nous du tiers, ou même du quart des récoltes , quand nous avons calculé qu'un fermier a besoin des deux tiers ou des trois quarts, pour se soutenir avec profit. Faisons mieux, affermons à prix d'argent ; le paysan y trouvera l'avantage d'évaluer dans ses offres, d'une manière moins hasardeuse , les impôts et les accidents, de retirer seul le fruit de ses avances ; et nous, nous y trouverons celui d'avoir un produit plus certain, et de voir améliorer nos domaines. Au reste, nous osons croire que ce seroit semer pour recueillir, et par l'ensemble des moyens d'amélioration que nous proposons,

C

on verra que tel fond, qui ne rendroit actuellement que le quart de son produit à son
propriétaire, seroit peut-être en état de lui
rapporter un jour la moitié.

Il existe en Sologne beaucoup de terres
incultes, fastueuses et inutiles dépendances
d'un vaste domaine. Ces terres sont réputées
stériles, parce qu'elles sont nues, ou que la
mousse ou la bruyère paroissent les occuper
exclusivement ; mais la vraie cause de leur
stérilité est, ou l'ignorance des cultivateurs (1),
ou leur pauvreté, ou le refus des avances pro-
ductives de la part des propriétaires. Il n'est
point de sol si ingrat, que l'homme ne force
à lui payer son travail, et nous aurons peut-
être occasion, en parlant de la culture des
terres, de justifier la nature des reproches
qu'on lui prodigue trop légèrement par rapport
à la Sologne. Si les grands propriétaires,
un peu moins jaloux de l'étendue de leurs

---

(1) *Quod neque fas existimare, humi naturam quam primus
ille mundi genitor perpetuâ fecunditate donavit, quasi quodam
morbo, sterilitate affectam ; neque prudentis credere tellurem, quæ
divinam et æternam juventam sortita, communis omnium parens
dicta sit, velut hominem consenuisse. Nec post hæc reor intempe-
rantiâ cœli nobis ista, sed nostro potius accidere vitio, qui rem
rusticam pessimo cuique servorum, velut carnifici, noxæ dedimus;
quam majorum nostrorum optimus quisque optimè tractaverit.*
Colum. l. 1. præf.

possessions, que de leur bon état de culture, et de l'aisance des habitans de leur canton, aliénoient à cens, ou à modiques redevances, quelques parties de ces terreins vagues, l'industrie excitée par la propriété et par le besoin, les féconderoit bientôt. Rien de mieux entretenu ni de mieux labouré, que le champ du propriétaire cultivateur. A l'assurance d'y trouver la vie par son travail, se joint un sentiment de domination, si flatteur pour l'homme, dans quelque état que le sort l'ait fait naître. Son héritage est son empire, et l'espérance de sa postérité.

Nos loix et nos coutumes opposent souvent à ces aliénations, des entraves qu'il seroit bien intéressant de voir disparoître. Tel est le droit de franc-fief, si nuisible à la culture des petites terres, qu'il ôte à la circulation publique, en en avilissant le prix. L'Orléanois, dont la coutume permettoit le jeu de fief avec rétention de foi, a perdu cet avantage depuis quelques années ; tandis que le bien de l'agriculture eût demandé, qu'on l'étendît à toutes les provinces qui n'en jouissent pas. Des concitoyens généreux ont deja fait entendre leurs réclamations à cet égard ; en formant des vœux pour qu'elles aient tout le succès qu'elles méritent, nous pensons qu'elles pourroient être puissamment secondées par celles de l'assemblée provinciale.

Les rentes inamortissables., foncières ou féodales, deviennent encore, lorsqu'elles sont trop fortes, une cause de détérioration pour les fonds qui en sont chargés. Elles en absorbent le produit , et le rentier ruiné ne trouve ni emprunts à faire sur une terre trop grévée , ni acquéreur , s'il veut la vendre. Quelques-unes de ces observations ont dejà été faites pour d'autres provinces ; elles nous paroissent sur-tout applicables à la Sologne, pour laquelle on ne doit négliger aucuns moyens de régénération.

Enfin, nous demanderons le partage des communes , utiles peut-être dans des tems de servitude , mais contraires actuellement à l'agriculture , à la population et à la richesse de l'état. Ce patrimoine des pauvres est devenu celui des riches propriétaires , et on doit s'attendre de leur part à de vives oppositions. L'intérêt personnel, qui étouffe souvent dans les ames les sentimens de l'équité, et qui, plus souvent encore , fait illusion à celui qu'il anime, saura se déguiser sous mille formes, pour éluder ce partage. Il y emploiera l'éloquence , le sophisme, la discussion modérée et impartiale en apparence ; l'humanité elle-même, par une sorte d'hypocrisie qui n'eſt pas rare de nos jours, lui servira de prétexte ; mais tout est prévu et réfuté d'avance. Des dénombremens exacts ont mis en évidence, que dans les lieux ayant des communes, la population et le nombre des bestiaux étoient en moindre proportion, et la pauvreté plus générale, que dans ceux qui n'en ont pas. Il est également prouvé que le terrein des communes, quelque soit sa qualité, devient stérile par le défaut de culture. L'action des eaux pluviales ne laisse à la longue à sa superficie, que du sable et des pierres. Foulé sans cesse par les bestiaux, il se durcit, et laisse à peine végéter foiblement çà et là quelques brins d'herbe dévorés presqu'en naissant. D'un autre côté, les communaux humides et marécageux n'offrent qu'une perfide abondance ; épuisés plutôt que nourris par des végétaux mal-sains et peu succulens, les bestiaux y respirent un air pernicieux, dont ils augmentent encore le développement par leur trépignement continuel (1).

Il est certain que de sages réformes sur ces divers objets, prépareroient un meilleur

______

(1) Voyez le rapport du bureau de l'agriculture, à l'assemblée provinciale de Rouen. *proc. verb. des séances. ann.* 1787. *pag.* 201 et suiv.

sort à la Sologne, et accéléreroient une révolution désirable pour elle : mais envain
chercheroit-on à améliorer les cultures, et à
multiplier les denrées, si en même tems on
manquoit de débouchés pour les faire circuler.
Abondance et non valeur n'est pas richesse,
selon l'axiôme économique. La concurrence
des acheteurs peut seule donner du prix aux
productions, et la facilité des transports procure cette concurrence.

On a beaucoup insisté sur l'importance d'un
canal, qui traverseroit la Sologne dans sa longueur, sur une ligne parallèle au Beuvron. Un
pareil canal seroit sans doute utile ; cependant
il nous semble qu'il n'est pas d'une nécessité
si urgente. Les canaux de navigation sont
particulièrement destinés au transport des
marchandises du commerce et des grosses
denrées, telles que les grains, les chanvres,
les bois &c. Il ne s'agit pas en ce moment
de rendre la Sologne commerçante ; on
n'y parviendroit qu'aux dépens des villes de
la Loire. Quant au débit de ses grosses denrées, nous observerons qu'elle consomme
actuellement tous ses grains, et qu'il n'est pas
encore prouvé qu'elle eût du superflu, quand
bien même sa culture seroit améliorée ; puisque
cette amélioration ne pourroit avoir lieu sans

accroissement dans la population. Il seroit intéressant d'encourager la culture du chanvre; mais elle a encore bien des progrès à faire, avant que le besoin de l'exporter exige un canal. Son utilité pour le débouché des bois est bien mieux démontrée : il en existe dans l'intérieur de la Sologne, qui, vû leur éloignement et la difficulté du transport, n'ont presque point éprouvé d'augmentation dans leur valeur. Une communication par eau en procureroit sans doute un prompt débit. Ce ne seroit néanmoins qu'un avantage momentané ; et ces dépots précieux d'une denrée qui devient plus rare de jour en jour, dépouillés en peu d'années, augmenteroient encore la disette générale. D'ailleurs, la Sologne, par sa position entre la Loire et le Cher, qui sont deux rivières navigables, peut aisément se passer d'un canal. Les fonds qu'on y destineroit, seroient bien mieux appliqués à la confection des routes qui y conduisent. Elles suffiroient à une exportation beaucoup plus considérable. Nous envisagerons donc comme un des premiers besoins de la Sologne, la route de la Ferté-Lowendal à Romorentin par Chaumont et Millançay (1), et non par Nouan, comme

____

(1) Il seroit peut-être encore plus facile et moins coûteux, de l'établir par Neung, et par Marcheval.

on sembloit l'avoir projetté. Ce dernier plan allonge le chemin de trois lieues au moins, et nous sommes fondés à assurer que l'administration manqueroit son but en l'exécutant. La route de Romorentin à Blois n'est pas moins importante, et le projet en est arrêté depuis long-tems. Enfin, celle de Romorentin à Salbris, et de Salbris à Argent ou à Aubigny (1), et la communication avec le Cher par Ville-franche (2), acheveroient d'établir

----

(1) Il y en a une, d'Argent à Sully et à Gien.

(2) Pour établir la communication avec le Berri, il seroit essentiel de construire un pont sur le Cher, et de prolonger la route jusqu'à Vatan, qui est encore de l'élection de Romorentin. Il n'y a que des bacs pour traverser le Cher à Ville-franche, et dans le tems des grandes eaux, leur service est interrompu. Depuis le déplacement de la route de Toulouse, on se plaint que le nombre en est diminué, qu'ils sont mal entretenus par le propriétaire, et mal servis par les fermiers, qui vexent le passager. Quelque dispendieuse que soit la construction d'un pont, il ne peut en aucune manière être suppléé par un moyen de communication, aussi incommode et aussi précaire.

Nous savons qu'on a demandé à l'assemblée provinciale, et à sa commission intermédiaire, l'entretien de plusieurs chemins, qui conduisent de Romorentin à différens lieux du Berri, et à sa capitale.

Nous apprenons aussi que deux propriétaires, dont on ne sauroit trop louer les sentimens généreux et patriotiques, ont offert une somme considérable, pour contribuer aux réparations de la route de Romorentin à la Ferté-Lowendal. On se flatte que cette somme, augmentée par les libéralités du prince apanagiste, et par d'autres secours, suffira pour cette entreprise.

tous

tous les débouchés nécessaires, pour l'exportation et l'importation. La plûpart de ces chemins subsistent déjà, et excepté celui de la Ferté - Lowendal à Romorentin , on les répareroit à peu de frais. Il est inutile de répéter ce qu'on a dit sur la conversion de la corvée, en une prestation en argent. Cette substitution si juste et si sage en elle-même, est vraiment oppressive pour la Sologne déjà trop imposée. Ajoutons qu'elle n'atteindra pas même son objet, si, comme il est facile de le prouver, les fonds qui en résulteront ne sont pas suffisans pour les réparations des chemins (1).

___

(1) La portion contributive pour la confection et l'entretien des chemins, a été réglée uniformément dans la généralité d'Orléans , au quart du principal de la taille ; ce qui revient à un peu moins du huitième du brévet général.

Cette contribution, partie aliquote d'une imposition, dont le montant est déjà accablant pour la Sologne , devient une nouvelle charge pour elle, et son produit suffit à peine à l'entretien des routes actuelles qui la traversent. Dans l'impuissance où elle se trouve de faire de nouveaux sacrifices pécuniaires, pour l'ouverture des communications dont elle a besoin, nous ne voyons pour elle d'autre ressource, que la formation d'une caisse commune, où seroit versé le montant total de la prestation, et qui serviroit à toute la généralité. C'est le vœu de plusieurs membres de l'assemblée provinciale , assez judicieux et assez désintéressés, pour ne pas opposer des considérations particulières , à l'avantage général de la province.

Ces travaux ne seront cependant qu'une partie de ceux, qu'il convient de consacrer à la régénération de cette malheureuse province. Il ne suffit pas de lui procurer des débouchés ; il faut encore mettre chaque village , chaque domaine , à portée d'en jouir. Il faut faciliter la libre circulation à l'intérieur , le passage des bestiaux , le transport des engrais , des marnes et de tous les objets d'amélioration. Les communications des fermes aux bourgs et aux marchés , celles des bourgs et des villages entre eux , doivent donc être soigneusement réparées et entretenues. On y parviendroit en veillant à l'exécution des réglemens de la voirie, de la manière la moins onéreuse pour le public, et pour les particuliers.

Jusqu'ici nous n'avons indiqué que des moyens généraux (1) , pour tirer la Sologne de son état d'appauvrissement. Nous les exposons à l'assemblée provinciale avec d'autant plus d'assurance , que par la nature des

____

(1) Les changemens qui s'opèrent en ce moment dans les tribunaux , feroient craindre pour la Sologne une nouvelle cause de détresse et d'appauvrissement, si son bailliage séant à Romorentin , n'étoit pas érigé en présidial. L'augmentation des frais, les inconvéniens de longs déplacemens , et le transport du numéraire d'un département

fonctions qui lui sont confiées, elle peut en solliciter l'exécution, et que son illustre président réunit à l'amour du bien public, et à l'heureux don de le communiquer, la glorieuse prérogative de porter aux pieds du trône, les réclamations de la province.

Les amendemens particuliers que nous avons à proposer, concernent spécialement les propriétaires et les cultivateurs. Les

---

dans un autre, seroient la suite de l'obligation où se trouveroient les justiciables actuels, d'aller porter aux présidiaux dont ils relèvent, leurs affaires civiles, celles des eaux et forêts, et sur-tout celles que les taux énormes de leurs impositions, rendent pour eux plus multipliées que par-tout ailleurs. L'éloignement réciproque des présidiaux dejà établis à Issoudun et à Blois, et de celui que l'on formera peut-être à Gien, exige dans l'espace intermédiaire, un tribunal qui ait le même titre et les mêmes attributions. Romorentin, capitale de la Sologne, est au midi de la Loire, la seule ville de la province, où il soit convenable de l'ériger. Sa distance à-peu-près égale des trois villes que nous venons de citer, sa position au centre de la partie méridionale de la généralité, sa population, la nécessité de rappeller l'aisance et l'activité dans son sein ; mais particulièrement l'importance dont il est, de ne point augmenter la gêne et la pauvreté de la contrée dont elle est le chef-lieu, tout sollicite pour elle l'établissement d'un présidial. Nous sommes persuadés, qu'aucunes de ces circonstances n'échapperont à la sagacité du magistrat, chargé du soin des opérations relatives au nombre, et au ressort des tribunaux dans la province. Lui donner l'éveil du bien, c'est pour nous un motif presque assuré de l'attendre.

préceptes pour ceux-ci ne sauroient être trop répandus, ni trop répétés. Nous pensons que MM, les curés de campagne, qui joindroient aux leçons de morale chrétienne, des instructions sur l'agriculture et sur l'économie rurale, se rendroient doublement utiles à l'état et à leurs paroissiens. Tous nos devoirs ont une étroite liaison les uns avec les autres; et apprendre à l'homme à obtenir par son travail une existence moins pénible, c'est lui apprendre à rendre de nouvelles graces à la providence; c'est souvent l'arracher au désespoir et au crime.

CHAPITRE V.

Moyens particuliers d'amélioration.

IL est démontré (1) que toutes les terres qui servent à la végétation, ne sont composées que de sable et d'argile (2). C'est le parfait

(1) M. de Réaumur, mem. de l'acad. des sc. ann 1730.

(2) Nous l'appellerons indifféremment argile ou glaise. Les agronomes et les chimistes paroissent avoir une idée toute opposée de ces deux substances. Les premiers appellent argile, la glaise qui contient déjà une certaine quantité de sable; les autres ne donnent à cette terre le nom d'argile, que lorsqu'elle est pure.

mélange de ces deux matières, et leurs justes
proportions, qui constituent un sol fertile. Le
sable seul, par le défaut de cohésion de ses
parties, laisse aisément filtrer l'eau, et celle
qu'il retient, est bientôt évaporée par un air
sec qui circule avec facilité dans ses inter-
stices. Les plantes y périssent faute de nourriture; leurs tiges mal assurées sur une base
aussi mobile, sont renversées par les vents,
et leurs racines mises à découvert. Au contraire l'argile pure qui, selon M. Baumé,
est la seule terre végétale, péche par trop
de compacité. Elle retient l'eau à sa surface,
et en est difficilement pénétrée. Le sort des
grains qu'on lui confie alors, est d'y pourrir.
Lorsque la sécheresse arrive, les molécules
de l'argile se rapprochent, et forment un corps
dur et tenace. Les semences qu'elle renferme,
y sont étouffées ; tandis qu'on y voit languir
les plantes étranglées dans leur collet, et gênées
dans l'extension de leurs racines. Pour la rendre propre à la végétation, il ne s'agit donc
que de la mettre par des moyens mécani-
ques, dans un état de division qui ne per-
mette plus à ses parties, une réunion aussi
intime. On a reconnu que de toutes les substances, le sable étoit celle qu'on y employoit
avec le plus de succès. Il résulte de ce mélange,

une terre d'une consistance médiocre, assez pénétrable à l'eau, et capable de conserver cette humidité et cette douce chaleur, sans lesquelles il n'est point de végétation (1).

Cette Sologne si décriée, et dont le nom seul est devenu, pour ainsi dire, une expression de misère et de stérilité, renferme cependant dans son sein, les mêmes principes de fécondité qu'elle envie à ses provinces voisines. Si l'on se plaint de ce qu'ils y restent sans activité, qui faut-il accuser d'injustice ; ou la nature, lorsqu'en offrant dans un pays varié plus de moyens de jouissance, elle exige aussi que le travail et l'industrie les développent ; ou les hommes qui au lieu d'étudier la nature, et de mettre ses leçons à profit, lui reprochent n'avoir pas fait assez pour eux ?

L'amendement des terres de la Sologne

____

(1) Le proverbe dit : *dans l'argile le sable vaut fumier.* On peut dire de même, que l'argile est le meilleur engrais du sable. L'expérience l'a bien prouvé en faveur de la province de Nortfolk en Angleterre, ainsi améliorée dans le dernier siècle. Des plaines stériles, sabloneuses, couvertes de bruyères et de marécages, y ont été converties, comme par enchantement, au moyen de l'argile, en des terres excellentes, et toujours chargées de riches moissons. On s'en est servi avec un égal succès dans le pays de Waas, et dans d'autres cantons de la Flandre.

demande des travaux et des avances, il ne faut pas le dissimuler; neanmoins ni les uns ni les autres ne doivent empêcher les propriétaires aisés de l'entreprendre, au moins partiellement. Avant d'indiquer les procédés qu'on pourroit mettre en usage, il est une autre opération dont nous croyons utile de s'occuper au préalable. Nous voulons parler de l'écoulement des eaux, qui inondent une partie du terrein de la Sologne, et auxquelles on doit son infertilité, et l'air malsain que ses habitans y respirent. La multiplicité des petites rivières et des ruisseaux, en faciliteroit l'exécution. Le pays, quoique assez uni, forme divers bassins plus ou moins spacieux, et plus ou moins profonds. Les eaux qui y séjournent, n'ont point d'issue ; il s'agiroit de leur en donner, au moyen de fossés profonds ; de manière que les bassins élevés se déchargeassent par les bassins inférieurs (1) dans les étangs, ou dans les petites rivières. On auroit soin que chaque pièce d'héritage eût ses fossés et ses rigoles parti-

---

(1) Il faudroit envoyer des gens de l'art sur les lieux. Ils prendroient les nivellemens nécessaires, et détermineroient, d'après un plan topographique bien détaillé, la disposition respective des bassins et des étangs, afin de diriger le cours des eaux en conséquence.

culières (1), qui laissassent écouler leurs eaux dans la tranchée la moins distante , ou dans le fossé vers lequel la pente naturelle du lieu les conduiroit. Une pareille entreprise exigeant le concours unanime de tous les propriétaires, il seroit indispensable que l'administration s'assurât des moyens de lever les difficultés, que l'intérêt , l'indigence ou la mauvaise volonté feroient naître. Un autre obstacle au projet d'écoulement , viendroit peut-être des moulins, dont la plûpart des rivières sont embarrassées, et qui en arrêtant les eaux, font inonder à contre-tems les terres et les prairies des environs. Un grand nombre de cultivateurs désireroient leur entière suppression. Il est certain que les moulins à vent, peu

____

(1) L'usage de labourer par sillons en Sologne, a sans doute été adopté pour cette fin. Néanmoins, on est souvent à portée de voir que les laboureurs, en s'y soumettant, ne sont guidés que par une routine aveugle. Nous avons vu plusieurs fois des champs cultivés, qui, malgré cette précaution, étoient couverts d'eau, parce qu'on négligeoit d'établir des tranchées dans l'endroit le plus bas , pour la recevoir. Les sillons ne doivent , ni couper tout-à-fait transversalement la pente du terrein , ni lui être absolument parallèles. Dans le premier cas, les eaux n'auroient aucun écoulement; dans le second, on leur en donneroit un trop rapide, et elles entraîneroient la meilleure terre. Il faut tracer les sillons selon un plan oblique, de façon qu'ils n'aient point de cavités dans leur longueur, et qu'ils ne laissent échapper l'eau, ni avec trop de lenteur, ni avec trop de précipitation.

connus

connus en Sologne, y seroient construits avec
d'autant plus d'avantage, que le bois y est
commun, et qu'ils sont sujets à moins de réparations. Les rivières cessant d'être gênées
dans leur cours, reflueroient moins sur leurs
rives, et creuseroient plus profondément leur
lit. L'art viendroit encore au secours de la
nature ; et par des chaussées, ou des digues
placées à propos, non seulement on forceroit
l'eau à se contenir dans ses limites, mais on se
ménageroit encore la facilité de la détourner,
pour fertiliser les prairies par des irrigations
salutaires. Nous ne nions pas que dans l'état
actuel des choses, les moulins ne puissent
rendre le même service ; mais l'auteur du
mémoire sur l'amélioration de la Sologne,
en conseillant aux propriétaires de ces moulins, de se réserver l'eau dans leurs baux
pendant douze ou quinze jours, a peut-être
supposé trop gratuitement, que les prairies
riveraines leur appartenoient toujours.

Lorsque les terres auront été rendues saines
par l'épanchement des eaux, on travaillera
avec plus de succès à les améliorer. Les procédés doivent varier suivant leur nature, et
leur position. La glaise se trouve, ou à la
surface du terrain, dont elle forme la couche
supérieure, comme on en voit aux environs

de Millançay (1), ou elle est couverte par un lit plus ou moins épais de terre sabloneuse. Lorsque la superficie du sol est trop argileuse, l'amendement est pénible et dispendieux. On l'exigeroit injustement dans l'état actuel des choses, des fermiers et de la majeure partie des propriétaires. Les uns, en leur en supposant la faculté, seroient imprudens de faire des avances, dont à peine ils pourroient se rembourser, pendant le cours d'un bail ordinaire ; les autres auroient aussi des risques à courir, s'ils entreprenoient une amélioration trop étendue, avant qu'un adoucissement dans les impôts, et l'assurance des débouchés, leur eussent garanti le fruit de leurs dépenses. Nous désirerions néanmoins que de riches propriétaires voulussent faire, dans chaque paroisse, quelques essais de ce genre. L'habitude et les préjugés, ces puissans mobiles des actions des hommes, ont un empire marqué sur les pratiques d'agriculture ; mais comme ils le doivent à la force de l'exemple, c'est l'exemple seul qui peut le détruire. Nous osons avouer qu'il est peu d'endroits, où il ait plus

____

(1) On trouve assez souvent l'argile à nud, sur les bords des rivières, dont les eaux ont entraîné le sable qui la couvroit ; ou sur des hauteurs qui ont éprouvé l'action des pluies.

de révolutions à opérer , plus de routines ,
de fausses idées , d'opiniâtreté et d'apathie
à vaincre, chez les gens de campagne, qu'en
Sologne. Si , comme il n'est que trop vraisemblable, la pauvreté, la foiblesse et l'ignorance , ont pu déterminer un pareil caractère ,
nous aurons lieu de nous applaudir d'avoir
proposé les moyens de tarir ces sources em-
poisonnées, et de rendre aux habitans d'une
partie intéressante de la province , l'aisance ,
la force et les lumières, qui sont les bases de
la prospérité.

Il n'entre point dans notre plan de donner
ici un traité d'agriculture. Les bons ouvrages
anciens et modernes sur cet art si utile , sont
très - nombreux , et nous invitons à les con-
sulter pour les détails de pratique. Le *dictionnaire* de M. l'abbé Rozier en contient
d'excellens , presque tous résultats d'expériences faites par les agriculteurs les plus instruits. Nous nous bornerons donc à des vues
générales sur l'amélioration des terres argileuses, assez rares en Sologne , et sur celle
des terres sabloneuses , qui y sont beaucoup
plus communes. Nous terminerons par des
observations particulières , sur diverses branches de l'économie rurale , relatives à cette
partie de la province.

CHAPITRE VI.

Amendement des terres argileuses et sabloneuses.

LES principes d'après lesquels on doit se conduire pour féconder l'argile , sont ceux que nous avons déjà exposés. Ils tendent à diminuer l'adhérence de ses parties , à la diviser, à la rendre perméable à l'eau , à l'air et à la lumière. Le sable le plus sec et le moins terreux , si on en trouve à sa portée , remplira d'abord parfaitement cette indication. On pourra y substituer , ou y ajouter avec avantage , la chaux , la craie , la marne crayeuse , les décombres de murs bâtis à mortier et à sable, les briques et les tuiles pilées. Ces matières seront répandues également sur le champ qu'on veut améliorer , et on aura soin de donner de fréquens labours , afin de les incorporer avec la glaise , et de faciliter la division de ses molécules. Une méthode sûre pour rompre sa ténacité , et pour la convertir en un excellent engrais , c'est de la calciner ; mais si l'on suit le procédé décrit dans le *journal économique* du mois de mars 1762 , il est trop dispendieux , tant par la main-d'œuvre , que par la consommation du bois qu'il exige ; et si l'on se contente de celui usité dans l'*écobuage* ordinaire , il est insuffisant et parconséquent inutile. La calcination de l'argile ne peut donc être pratiquée avec avantage , que dans les lieux où le bois est à vil prix , et où il manque de débouchés. Faisons ensorte d'y suppléer en Sologne par des engrais appropriés , tirés du régne animal et végétal. Rien ne peut d'ailleurs en dispenser , et ils entrent nécessairement dans tout projet d'amélioration , dont ils font la base. Les fumiers chauds , pailleux, ceux qui seroient composés de joncs, de bruyères , ou de genets qu'on auroit fait servir de litière aux bestiaux , mériteroient la préférence , en ce qu'étant plus lents à se décomposer , ils tiendroient la terre plus long-tems divisée. Ces sortes de fumiers demanderoient à être enfouis profondément. On regarde encore comme un très-bon moyen d'atténuer l'argile , les semis de plantes dont les racines s'étalent , et qui labourées avant leur floraison, augmentent la terre végétale, en lui rendant plus qu'elles n'en ont reçu. Une terre ainsi améliorée récompenseroit avec profusion le cultivateur de ses avances , et on verroit avec surprise croître le froment en abondance , là où peu auparavant la nature morte laissoit à

peine distinguer quelques traces de végétation. Pour achever d'ameublir l'argile , et
pour empêcher la réunion de ses molécules,
il seroit utile pendant plusieurs années, de
renverser le chaume aussi-tôt après la récolte.
C'est dans les mêmes vues que nous recom-
manderons de ne point laisser reposer ces
terres. Dès que la production des grains com-
mence à s'affoiblir , il n'y a qu'un parti à
prendre, il faut alterner. Nous parlerons bientôt de cette importante méthode si connue
en Angleterre , en Suisse, en Suede, et dans
quelques provinces du nord de la France.

L'amendement que nous venons de proposer, n'est pas celui qui convient à toutes
les terres de la Sologne. Si dans un petit
nombre de cantons, l'argile paroit à la surface , presque par-tout elle est couverte d'une
couche de sable. Plus cette couche est profonde , et moins le sable contient de terre
végétale; plus il faut de travail et de frais pour
tirer l'argile qui doit le féconder. Il est donc
impossible de déterminer en quelle quantité
on doit la mêler avec les terres. Comme on
est presque sûr de la trouver par-tout, on
l'extraira de la manière la plus commode, et
on la distribuera dans les champs selon l'usage
adopté pour la marne , et pour les fumiers.

Afin de faciliter son union avec le sable, nous conseillons de n'en répandre que peu à la fois. Il vaut mieux en ajouter pendant quelques années, et avoir soin de ne l'employer, qu'après avoir été desséchée et ameublie par l'action du soleil. Le simple brulis que nous avons jugé insuffisant pour l'amélioration des terres argileuses, deviendroit très-utile pour celle des terres sabloneuses. On fera de distance en distance des amas de brossailles, de bruyères, de genets, de joncs, de tourbe bien séche, ou de toute autre matière combustible ; on les couvrira avec des tranches de glaise, assez pressées les unes sur les autres, pour que la flamme ne trouve aucune issue, lorsque les substances qu'elles contiennent auront été allumées. Au bout de quelques jours, quand on n'apperçoit plus de fumée s'élever au dessus de ces espèces de fourneaux, et lorsqu'en ôtant la tranche de glaise qui leur sert de porte, on ne sent plus de chaleur, il est tems de les abattre et d'en répandre également les débris sur la terre. Les fréquens labours, utiles pour l'amendement des terres argileuses, auroient ici un effet tout contraire. Ils augmenteroient l'aridité du sable déjà trop ameubli, et s'opposeroient à la formation de la terre végétale,

qu'il est si important d'y favoriser. En conseillant de ne pas multiplier les labours, on
pense bien que notre intention n'est point
de les proscrire absolument ; mais au lieu de
chercher à développer par leur moyen, des
principes de fécondité dans la terre , on y
parviendra plus sûrement par des engrais convenables , et par la culture alternative. Les
marnes argileuses , la tourbe assez commune
en Sologne , l'argile mêlée de paille hachée,
provenant des torchis dont les bâtimens sont
construits , les fumiers bien consommés , la
vase , le limon des fossés , acheveront de
rendre le sable déjà, amélioré par l'argile,
propre à recevoir , si non des fromens, du
moins des méteils , des orges , de beaux seigles, selon la qualité naturelle du terrein , et
selon les amendemens qu'on y aura mis.

Lorsqu'après plusieurs récoltes de grains,
la terre paroîtra se refuser à les produire avec
la même abondance , on se gardera bien de
ne plus rien lui demander. Les jachères ne
sont pas moins pernicieuses à l'agriculture
par la dégradation , que par la non-valeur
des terres qui y sont soumises. Tant de friches dédaignées comme absolument stériles
en Sologne, ne sont épuisées, contre l'opinion
commune , que par ce qu'on a cessé de les
cultiver.

cultiver. Les pluies, en tombant sur un sol léger et sabloneux, le pénétrent facilement. Elles délayent les parties calcaires, l'argile et la substance de l'*humus* qu'il pouvoit contenir; et les entraînent sous une couche plus profonde, si le terrein est plat, ou dans des fonds, s'il est incliné. La méthode d'alterner a le double avantage de s'opposer à cet épuisement, en fournissant de nouveaux sucs à la terre, et d'ouvrir une vaste carrière à la multiplicité des fourrages. L'attention qu'il faut avoir, pour en obtenir tout le fruit qu'on doit attendre, c'est de substituer aux racines fibreuses des graminées, des plantes à racines pivotantes. La vigueur avec laquelle celles-ci pousseront, sera un indice certain qu'elles ne reçoivent pas leur subsistance de la couche supérieure déjà lasse de produire; mais qu'elles la tirent seulement de la couche inférieure dans laquelle elles pénétrent. Ainsi loin d'appauvrir la terre, elles lui porteront l'engrais qu'elles se seront approprié, et qui surpassera de beaucoup celui qu'elles en auront reçu (1).

____

(1) Quelques physiciens regardent l'air et l'eau, comme les seuls agens de la végétation. Ils s'appuyent sur plusieurs expériences, dont voici les deux principales assez connues : Vanhelmont mit dans un vase rempli de terre, une branche de saule qui, au bout de cinq ans, acquit un poids de

Les plantes convenables au sol dont nous nous occupons, sont d'abord les grosses raves ou turneps, les panais, les navets, les carottes, les pommes de terre, les lupins (1) &c. Aussi-tôt après la récolte, on enterre le chaume par un labour croisé, et on attend pour les semer, que la terre soit humectée. Leurs

---

165 livres; tandis que celui de la terre n'avoit pas perdu deux onces. Cet accroissement étoit donc dû à l'eau des arrosements. Un oignon de squille suspendu au plancher, pousse une longue tige, fleurit et augmente de poids, sans tirer d'autre nourriture que celle qui lui est fournie par l'athmosphère. Nous adoptons volontiers cette opinion, si on nous accorde que l'air et l'eau donnent lieu à la végétation, non-seulement par la combinaison de leurs propres principes, mais encore par celle du principe terreux auquel ils servent de véhicule, ou avec lequel ils se trouvent unis. Autrement il faudroit convenir que la terre peut être formée par l'union de l'air et de l'eau; puisqu'on la trouve dans le résidu que fournit l'analyse des plantes à feu nud.

(1) On ne cultive guères le lupin que dans quelques provinces méridionales. Cette plante a une longue racine pivotante, rameuse et fibreuse à son extrêmité; sa tige branchue porte une grande quantité de feuilles qui par leur décomposition, enrichissent le terrein d'un engrais végétal abondant. Elle conviendroit parfaitement aux endroits de la Sologne, où les fumiers sont rares, et où le sol est maigre et sabloneux; pourvû que la glaise ne s'y rencontrât qu'à une certaine profondeur. Comme le lupin est sujet à la gelée, il ne faut le semer qu'au printems. Les moutons sont friands de sa tige et de ses feuilles, et sa graine moulue nourrit très-bien les bestiaux. On emploie aussi en litière la tige desséchée.

feuilles fournissent pendant l'hiver un très-bon fourrage aux bestiaux. Lorsqu'au printems elles sont en fleur, on les enfouit d'un coup de charrue, et elles deviennent avec les racines qu'on veut bien leur laisser, un engrais excellent pour le grain qu'on doit semer ensuite.

On pourroit encore alterner une partie des terres en tréfles, en luzernes, ou en sainfoin, suivant la qualité du terrein; et c'est ce qui constitue les prairies artificielles recommandées envain depuis si long-tems (1). On n'a cessé de répéter qu'il n'y avoit point de culture sans fumiers, point de fumiers sans

____

(1) Un vrai trésor pour la Sologne seroit la culture de l'*herbe* ou *pani de guinée*, que les Anglois ont transporté dans leurs possessions d'Amérique. Selon le mémoire de M. de l'Etang, communiqué à la société d'agriculture de Paris par M. Thouin, cette plante de la famille des graminées est originaire d'Afrique, et réunit tous les avantages qui peuvent la faire désirer en Sologne. Elle croît dans les sables les plus maigres et les plus stériles. Son herbe fine s'élève à la hauteur d'un homme, et est si touffue qu'à peine une volaille y pourroit pénétrer. Une fois semée, elle ne demande aucuns soins, et elle se propage avec une fécondité surprenante. Le fourrage qu'elle produit est de la meilleure qualité, et les chevaux en sont très-avides. On s'est déjà assuré qu'elle étoit presqu'aussi vivace dans le nord de la France, qu'aux isles. Il ne reste plus à souhaiter que d'en voir la graine assez commune, pour que chacun puisse s'en procurer. Ce soin regarde particulièrement l'administration.

bestiaux, point de bestiaux sans fourrages :
que tout le secret de l'agriculture consistoit
dans la juste proportion de ces moyens, et
que le plus grand produit d'un domaine,
dépendoit de l'extension qu'on pouvoit leur
donner. Les plaines incultes de la Sologne
ont retenti de ces vérités ; et la routine, les
préjugés, l'indifférence, le poids de la misère
pressant de tous côtés, les ont étouffées. Cependant il existe une autre vérité que nous
ne nous lassons point de reproduire. La Sologne a été autrefois infiniment plus peuplée,
et mieux cultivée qu'elle ne l'est de nos
jours ; ses récoltes ont été beaucoup plus
abondantes ; elle nourrissoit plus de bestiaux ;
elle contenoit un grand nombre de domaines,
qui ont été réunis. Prétendrions - nous voir
renaître cet état florissant, sans lui rendre les
bras qui la cultivoient ; et croira-t-on que
cent arpens puissent être exploités par dix

La grande pimprenelle, dite d'Angleterre, et la chicorée
sauvage offriroient encore des ressources précieuses comme
fourrages. La première mérite sur-tout l'attention des cultivateurs par son abondance, par la délicatesse et la finesse de
son herbe qui, donnée aux moutons, contribue sensiblement
à la beauté de leur laine. L'une et l'autre réussissent dans les
terreins légers et sabloneux ; elles conviennent à tous les
bestiaux en verd et en sec. La chicorée sauvage s'employe
sur-tout en verd.

personnes, comme vingt l'étoient par six ?
L'histoire de la prospérité et de la dégradation
de la Sologne, nous en a en même tems dé-
voilé les causes. Nous avons reconnu que les
grands ressorts pour y rappeller le mouvement et la vie, étoient entre les mains du
gouvernement ; tandis que l'intérêt des propriétaires et d'os fermiers, les excitoit à peine
à des améliorations tant soit peu coûteuses.
Jusqu'à ce qu'on ait brisé les liens qui cap-
tivent leur industrie, nous ne les inviterons
donc point à défricher leurs vastes déserts,
à les peupler de cultivateurs, de bestiaux,
et à y construire des bâtiments ; nous leur
demanderons seulement quelques essais soi-
gnés de la méthode que nous proposons, afin
que leurs succès deviennent auprès de la puis-
sance souveraine, une voix éclatante qui sollicite hautement ses encouragemens et ses
bienfaits.

On a voulu, nous dit-on, former des
prairies artificielles en Sologne ; elles n'ont
pas réussi. Nous n'examinerons pas comment
un travail incomplet et mal entendu, a pu
rendre infructueuses les tentatives de quelques cultivateurs. Mais nous en connoissons
chez qui elles ont prospéré, et dont elles ont
enrichi les domaines, en les mettant à portée

de doubler leurs bestiaux , leurs fumiers et leurs récoltes. Malheureusement la terre ne paye pas d'avance, l'intérêt des dépenses qu'on lui prodigue. La plûpart des cultivateurs un peu aisés , sont même arrêtés par la crainte de perdre leurs frais et leurs soins.. C'est ainsi que chaque moyen d'amélioration particulière que nous proposons, se touve toujours subordonné à ces trois besoins urgens : la modération et l'égalité des impôts, l'écoulement des eaux , et la facilité des débouchés. Espérons que leur importance , obtiendra toute l'attention de l'assemblée provinciale , et qu'elle ne connoitra pas d'obstacles pour en affranchir la Sologne. C'est dans cette confiance que nous poursuivons nos observations.

CHAPITRE VII.

Observations sur quelques objets relatifs à la culture.

Avant de parler des prairies naturelles, et des pâturages, nous croyons devoir présenter quelques réflexions concernant la culture.

On peut évaluer le produit des récoltes en Sologne , en général à raison de sept à huit fois la semence, pour les bonnes terres ;

de quatre à cinq pour les médiocres, et de deux à trois pour les mauvaises.

Nous ne conseillerons point, ainsi que l'ont fait quelques personnes, de cultiver moins de terrein, pour recueillir davantage. Cette abondance ne pourroit être que relative; et si nous avons prouvé, combien les jachères dégradoient le sol, en même tems qu'elles le laissent sans valeur; au lieu de réduire les saisons, on s'appliquera à les augmenter, en multipliant les fourrages et les bestiaux, pour obtenir des engrais et de bonnes récoltes.

On a cru remarquer que l'altération du seigle, connue sous le nom d'*ergot* ou de seigle *ergoté*, étoit plus commune en Sologne que par-tout ailleurs. Les causes locales de cet accident seroient un objet de recherche bien intéressant pour la culture du pays, et pour la santé de ses habitans. Il paroît prouvé aujourd'hui que l'*ergot*, lorsqu'il entre en certaine quantité dans le blé et dans le pain qu'on en fait, produit chez ceux qui s'en nourrissent habituellement, la gangréne séche. On doit attribuer cet effet du grain ergoté à l'alkali volatil qu'il contient tout formé, et dont le long usage occasionne la dissolution du sang. Il y a des années, dit-on, où il constitue le quart et même le tiers de la récolte.

A la vérité, il en reste toujours sur la terre une partie, qui tombe avant et pendant la moisson. Si les observations de M. l'abbé Tessier sont justes, et si effectivement les terreins humides et nouvellement défrichés, y sont plus exposés (1), ce seroit un nouveau motif pour travailler au desséchement des

---

(1) Il est probable que les brouillards y contribuent beaucoup. L'eau qui humecte les épis du seigle après la fécondation du germe, se réunit dans plusieurs endroits en petits globules. Ils glissent le long des barbes, couvrent les bâles, les pénétrent, et fermentent avec la matière laiteuse qui doit former le grain. Les substances glutineuse et extractive se gonflent, détruisent leur enveloppe; et prenant de la consistance, elles donnent lieu à cet accroîssement monstrueux du grain, appellé *ergot*. Dans cette hypothèse, qui nous paroît très vraisemblable, nous n'insisterons pas moins sur la nécessité d'égouter les eaux de la Sologne. Moins elles présenteront de surface à l'évaporation, et moins le pays sera exposé aux brouillards.

Un cultivateur très-instruit a observé, qu'en général les semences de seigle ne doivent pas être déposées profondément en terre; que toutes choses égales d'ailleurs, les seigles les premiers semés sont toujours les moins sujets à la rouille et au miélat; ceux qui demandent le moins de semence, les premiers mûrs, les plus hauts en tige, les plus longs en épis, les plus grenés et les moins chargés d'*ergot*; et que les dernières tales du printems qui réussissent, en ont toujours beaucoup plus que celles qui ont poussé avant ou pendant l'hiver, jusqu'à la fin du mois de mars.

Quelque fondées que paroissent ces observations, elles ne sont pas assez concluantes, pour qu'on en puisse tirer aucune conséquence positive sur la cause, ou sur la formation de l'*ergot*.

terres

terres que nous regardons comme le préliminaire indispensable de tout projet d'amélioration. On éviteroit le même inconvénient pour une terre récemment défrichée, en n'y semant du seigle, qu'après y avoir fait plusieurs récoltes de sarrazin, d'avoine, de chanvre, de froment, ou d'autres productions. Dans les tems où malgré ces précautions, le blé se trouveroit infecté de ce grain vicié, il seroit prudent de renouveller les défenses qui, au commencement de ce siècle, furent faites par l'intendant aux paysans de la généralité, de vendre ou de faire moudre du seigle, sans avoir été épluché auparavant. Il n'en est aucun qui ignore les dangereux effets de l'*ergot*, et cependant, soit par intérêt, soit par indolence, ils négligent les moyens les plus faciles de s'en garantir.

Depuis quelques années, on cultive avec succès dans les environs de Contres, une espèce de seigle, qu'on nomme *seigle de Hollande*. Ce grain qui est d'une belle qualité, a l'avantage de donner beaucoup plus de pailles; s'il y joignoit encore celui d'être moins sujet à l'*ergot*, il faudroit s'empresser d'en rendre la culture universelle en Sologne.

G

CHAPITRE VIII.

Observations sur les prairies naturelles et sur les pâturages.

AUCUNES dépenses ne seroient peut-être plus utilement appliquées en Sologne, qu'à l'augmentation des prairies naturelles et des pâturages, ou à leur amélioration. Dans certains endroits, il ne s'agiroit que d'égouter les eaux par des tranchées ; dans d'autres, il suffiroit de débarrasser les rivières des moulins ou des plantes aquatiques qui arrêtent leurs cours, et donnent lieu à de fréquentes inondations : ailleurs, il faudroit des irrigations ménagées à propos, ou des labours, ou des engrais.

Un mémoire de M. l'abbé Tessier, inséré parmi ceux de la société d'agriculture de Paris (*année 1786. trim. d'hiver.*), offre un exemple frappant, de ce qu'un cultivateur intelligent peut obtenir avec des avances sagement employées. Cent arpens de terre dépendans de la Ferté-Imbaut paroisse de saint Genou, et formant un marais situé au confluent d'un ruisseau dans la Saudre, ont été changés en 1781, moyennant une dépense de 3600 livres, en un excellent pré. On y a

recueilli en 1782 , 500 quintaux de foin consommés sur les lieux. En 1783 , la récolte a
doublé ; les 1000 quintaux ont été vendus
2500 livres. Celle de 1784, a été perdue en
partie , par une crue de la rivière survenue
pendant la fauchaison. En 1785 , il a été
cueilli 1500 quintaux de foin. On estime que
ce pré pourroit être affermé 3000 livres.

Nous avons parlé de la suppression des
moulins , et d'après l'avis de plusieurs cultivateurs éclairés , nous la croyons nécessaire
au libre écoulement des eaux. On le faciliteroit encore, en veillant exactement au curage
des rivières. Celui qui se fait à vif fond, a plusieurs inconvéniens capitaux. Il est extrêmement dispendieux pour les riverains ; il détruit
le poisson, et donne souvent lieu à des épidé-
mies meurtrières , par le méphytisme que re-
pandent dans les environs , les vases et les
débris de substances animales et végétales à
demi putréfiées. Une opération simple et peu
coûteuse remplira les mêmes vues , sans faire
craindre les mêmes dangers. L'expérience a
appris que les joncs , les roseaux , et les mauvaises herbes aquatiques , coupées à un ou
deux pieds au dessous de la surface de l'eau ,
dans deux saisons et pendant deux années
consécutives , périssoient infailliblement. La

première coupe doit se faire vers la mi-mai, et la seconde à la mi-août. On se sert à cet effet de faux, ou de croissans à longues queues; et lorsque les rivières ont une certaine largeur, on les parcourt en bateau. Il n'est aucun riverain à qui cette pratique ne parût moins onéreuse, que celle du curage auquel ils sont assujettis.

C'est à regret que nous voyons en Sologne un petit nombre de bestiaux fouler tant de terreins vagues, et dérober aux terres labourables des engrais qu'on devroit leur réserver. Combien plus utilement en rendroit-on une partie à la culture; tandis que l'autre améliorée et soignée, conserveroit à plus juste titre le nom de pâturages! Si par un concours de circonstances favorables, nos projets d'amélioration, et le système de culture que nous avons proposé, étoient suivis, il ne faudroit plus s'inquiéter pour la nourriture des bestiaux pendant l'hiver. L'abondance des fourrages permettroit même d'en augmenter le nombre. Que de plaines, que de communes, qui destinées à la subsistance de ces animaux, n'en nourrissent pas la vingtième partie de ce que ne comporteroit la même étendue de terrein, si elle étoit bonifiée, et purgée des mauvaises productions!

On est dans l'usage en Sologne de mettre le feu aux bruyères, lorsqu'on veut améliorer ou défricher la terre. La cendre qui en résulte est regardée comme un excellent engrais, et plusieurs cultivateurs paroissent être dans cette opinion. Il s'en faut cependant beaucoup, qu'elle doive servir de règle générale ; et si l'incinération convient aux terres argileuses, elle rend au contraire plus stériles les terreins maigres ; particulièrement ceux à bruyères, presque tous sabloneux et ferrugineux. Ils péchent par un défaut de liaison entre leurs molécules, et par leur sécheresse ; les brulis augmentent l'un et l'autre, et ajoutent encore à la mauvaise qualité du sol. Nous avons indiqué quelles sortes d'engrais étoient convenables à une terre de cette nature.

CHAPITRE IX.

Observations sur les bestiaux.

L'ATHMOSPHÈRE humide et nébuleuse de la Sologne, le mélange d'air fixe, d'air inflammable, de gaz alkalin et putride qui se dégage, sur-tout pendant les chaleurs de l'été, des substances végétales et animales en décomposition, dans les étangs desséchés, dans les fondrières, dans les plaines marécageuses, rendent raison de la complexion débile des hommes et des bestiaux, des maladies endémiques, et des épizooties dont le caractère est propre à cette partie de la province. Nous ferons concourir avec ces causes, la mauvaise nourriture (1), le travail forcé, les imprudences de toute espèce, enfin le braconage auquel les Solognots sont portés par l'appât du gain, et qui les oblige à affronter nuds pieds, les neiges et les glaces dans les nuits les plus rigoureuses de l'hiver. Voilà ce qui rend si communes parmi eux les maladies aigues et chroniques, provenant de la transpiration supprimée, et que les habitans confondent sous la dénomination vague de *chaud froidi*.

La rareté des fourrages, leur mauvaise qualité, l'excès du travail, la négligence et les soins mal entendus, sont pour les bestiaux autant de vices qui s'opposent à leur parfait accroissement, et à la vigueur de leur constitution. Nous avons assez insisté sur la nécessité de dessécher la Sologne. On a vu que la salubrité de l'air, l'amélioration des terres,

______

(1) Le pain de sarrazin que la plûpart des paysans de la Sologne mangent presque toute l'année, est un aliment grossier et peu nourrissant.

l'abondance des grains et des bons fourrages dépendoient de cette opération. Il ne nous reste plus qu'à considérer les bestiaux, relativement à leur régime et à leur utilité.

§. 1. *Des bœufs et des vaches.*

Si les bœufs étoient plus forts et mieux nourris, on ne seroit pas obligé d'en atteler jusqu'à dix à une charrue, pour tracer un léger sillon. Il faut donc avant de penser à en diminuer le nombre, comme on l'a conseillé (1), chercher à leur former un tempéramment plus vigoureux.

En considérant combien il y a d'herbe perdue dans les pâturages, par le piétinement des gros bestiaux; combien ils contribuent à la stérilité du sol, en formant une croute dure à sa surface; combien la nourriture qu'ils y trouvent est insuffisante; combien enfin il seroit profitable de recueillir les fumiers qu'ils y déposent, on ne pourra s'empêcher de

---

(1) L'auteur du *mémoire sur l'amélioration de la Sologne* qui a donné ce conseil, propose, il est vrai, d'abréger leur travail. Quoique ses vues sur ce point d'agriculture et sur quelques autres ne s'accordent point avec les nôtres, nous ne rendons pas moins justice aux connoissances et au zèle de cet excellent citoyen.

reconnoître l'utilité de l'entretien domestique
du bétail. Cette méthode n'est point purement
spéculative : c'est celle que M. Tschiffeli a
déjà répandue en Suisse, et qui pourroit être
accueillie avec fruit en Sologne, si on trans-
formoit les pâturages en prairies naturelles ou
artificielles, et si on adoptoit nos vues pour
la multiplication des fourrages. En nourrissant le bétail à l'étable, d'une manière réglée
et uniforme, on évite la communication des
épizooties, et les maladies qui proviennent
de la morsure des reptiles, des herbes dangereuses ou malsaines, d'une pâture trop suc-
culente ou trop rare. On prévient aussi la
dégénération des espèces, par les accouple-
mens mal assortis qui ont souvent lieu dans
les pacages, entre des bêtes inégales d'âge et
de force. Cette pratique offre un moyen sûr
de les engraisser promptement, et de mettre
les vaches en état de fournir une plus grande
quantité de lait. La dépense qu'exige leur
nourriture en verd pendant l'été, est plus
que compensée par les avantages que nous
venons de présenter ; mais sur-tout par
l'économie du fourrage, par l'abondance
et par la qualité des fumiers. Les étables des
bestiaux ainsi entretenus doivent être construites sur un fond exhaussé, et un peu en

pente

pente du côté des cours. Il est également nécessaire qu'elles soient bien aérées, suffisamment spacieuses, propres et souvent renouvellées de litière.

L'auteur du *mémoire sur l'amélioration de la Sologne*, a cru trouver dans l'inspection anatomique du bœuf, des raisons pour blâmer l'usage du joug adopté en Sologne, et dans presque toutes les autres provinces où le bœuf est employé au labourage. Il prétend que « la nature en fortifiant et en relevant » extrêmement les apophyses des premières » vertèbres dorsales, dit assez que c'est là » qu'elle a établi la plus grande force de » l'animal, et qu'il n'est pas de siège plus » propre à assurer et arrêter le joug. » Nous pensons différemment. Les apophyses épineuses des vertèbres dorsales du bœuf, sont moins longues et moins larges que celles du cheval, et nous ne croyons pas qu'il lui soit égal en force de ce côté ; mais le bœuf a les apophyses des vertèbres du col plus grandes et plus grosses, et c'est dans cette partie que réside principalement sa force. Cette disposition étoit nécessaire, pour l'usage le plus avantageux des armes offensives dont la nature a muni sa tête : aussi paroit-elle réunir tous les efforts de l'animal, et leur servir de point

H

d'appui. La position qu'il lui donne, lorsqu'il se prépare à l'attaque ou à la défense, est précisément celle que lui fait prendre le joug, et par conséquent la plus favorable. La manière de l'impofer exige un levier plus long, et le bœuf qui, selon l'observation de M. l'abbé Rozier, ne tire que par son poids, a plus de force. D'ailleurs son encolure n'est pas comme celle du cheval, et quelque bien rembourré que soit le collier, il gêne toujours le mouvement de l'épaule ; et le fanon de l'animal s'y trouve replié et pressé. Le collier n'a donc pas moins d'inconvéniens que le joug, et rien ne nous paroît devoir lui mériter la préférence.

§. 2. *Des chevaux.*

Tout ce qui peut contribuer à abâtardir l'espèce des chevaux, à l'affoiblir, et à la rendre difforme, est mis en pratique dans la Sologne.

A la mauvaise coutume de laisser perpétuer les races dégénérées, on avoit substitué un autre abus, en envoyant des étalons privilégiés qui, bientôt épuisés par la cupidité de leurs gardiens, auroient promptement laissé dégarnir les campagnes de ces animaux utiles, si l'excès

de cette servitude n'en eût produit l'affran-
chissement.

Les chevaux ne servent guéres en Sologne qu'aux voitures, et souvent on n'attend
pas qu'ils aient l'âge requis pour les mettre
au travail. Ils sont en général mal nourris,
comme tous les autres bestiaux; et dans la
crainte qu'ils ne dépensent du foin à l'écurie,
lorsqu'ils quittent l'ouvrage, on les charge
d'entraves, et on les abandonne ainsi garottés
jour et nuit, pendant les trois quarts de l'année,
dans des pâturages où il gâtent plus d'herbe
qu'ils n'en consomment. Ils y restent exposés
à la main des brigands, aux brouillards, à
l'action de l'eau qui leur baigne presque habituellement les jambes, aux exhalaisons d'un
terrein marécageux, à la fraîcheur des nuits;
enfin ils y sont réduits à faire leur unique
nourriture de plantes aqueuses, grossières et
mal-saines. Si ces pacages font étendus, ou s'ils
sont éloignés des fermes, le paysan expose
lui-même sa santé, en sortant presque nud de
son lit, dès avant le jour, pour aller les chercher. Les poulains suivent leurs mères aux
pâturages, et leurs organes délicats sont sou-
mis aux mêmes impressions. On voit que les
vices de la naissance et ceux de l'éducation,
en doivent faire des animaux foibles et

contrefaits. Ils sont ordinairement serrés du derrière et du devant ; ils ont la croupe pointue, la tête grosse et baissée, les ganaches chargées, l'encolure courte et épaisse, et le ventre si gonflé d'obstructions, qu'on les prendroit tous au premier aspect pour des jumens prêtes à mettre bas. Leurs jambes sont foibles et souvent arquées, même avant que le travail les ait usées ; ils ont la corne peu solide et le sabot plat. Telle nous a généralement paru en Sologne l'espèce de chevaux, que d'autres ont trouvée saine et douée de belles jambes.

Quelqu'imparfaite qu'elle soit, il est certain qu'on en tire de grands services, relativement à la foible dépense de ces animaux. Un bon cheval feroit à la vérité le même travail que trois de ceux que nous venons de dépeindre ; mais il coûteroit sans-doute plus à nourrir. D'après cette réflexion, doit-on négliger de renouveller l'espèce ? Nous sommes bien éloignés de vouloir tirer cette conséquence. L'amélioration des terres et la méthode de culture dont nous avons tracé le plan, exigeant de la part des chevaux un service plus fréquent et plus étendu, il n'est pas douteux qu'il deviendroit important de leur donner une constitution plus robuste. Il

en coûteroit quelques avances, en attendant
que les bons fourrages fussent assez multipliés, pour ne pas craindre de voir abâtardir
l'espèce qu'on auroit renouvellée ou régénérée.

§. 3. *Des bêtes à laine.*

La laine des troupeaux fait un des plus
grands produits de la Sologne, dans les années
où il n'y a pas de mortalité. Elle est assez
fine dans certains cantons ; mais c'est le seul
avantage que les bêtes à laine aient sur les autres
bestiaux. D'ailleurs l'espèce y est petite, foible,
délicate, et sujette à une multitude de maladies, la plûpart locales, qui tous les ans
dépeuplent plus ou moins les bergeries.

Il en est de ces animaux comme de tous les
autres ; ce sont le climat & les pâturages qui
font les races. Les belles espèces par lesquelles
on remplaceroit celles qui existent ; ou celles
qu'on tenteroit d'obtenir en les croisant, ne
tarderoient pas à obéir aux influences toujours
agissantes de l'air & de la nourriture, quelque
fût d'ailleurs le régime. Prétendre que des
bêtes à grand corsage tirées d'un pays sain &
fertile, prospèrent en Sologne, ou qu'un bélier
de haut prix y régénère l'espèce, c'est assurer
contre l'expérience, qu'un arbre né dans un

bon sol, réussira transplanté sur un fond maigre ; c'est vouloir que la nature abandonne les loix par lesquelles elle s'est toujours gouvernée. Voilà pourquoi les essais qu'on a faits jusqu'ici dans ce genre, n'ont eu aucun succès. La grande espèce de brebis amenée de Beauce en Sologne, y périt ordinairement de la pourriture, tandis que la petite espèce de Sologne se fortifie en Beauce, aux dépens de la finesse des toisons. Une race qui doit sa beauté & la supériorité de ses laines aux pâturages & au climat, ne dégénère jamais.

Du temps de Columelle, les troupeaux de la Gaule jouissoient de la plus grande réputation (1). On les gouvernoit à la manière des Espagnols, dans une étendue immense de terres vagues et incultes, où ils erroient continuellement. Au midi de la France, la température et la qualité des pâturages étoient, à quelque différence près, les mêmes qu'en Espagne, et c'est à ces circonstances que nos toisons devoient leur supériorité.

L'agriculture encouragée ayant offert des ressources plus sûres et plus précieuses, on s'occupa des défrichemens, et l'intérêt des

______

(1) *Nunc Gallicæ (oves) pretiosiores habentur.* Colum. lib. 7 cap. 2.

troupeaux fut subordonné à celui des récoltes. Les plaines se couvrirent de moissons, et une partie des pâturages fut changée en guérets. On se vit contraint de resserrer les bêtes à laine l'hiver dans les bergeries, et l'on eut recours aux fourrages secs, pour suppléer au défaut de nourriture en verd. Cette méthode utile à l'animal pour fortifier son tempéramment, fit prendre aux laines une sorte de rigidité, et les rendit moins fines et moins soyeuses. Une semblable dégradation s'étendit par les mêmes causes, et par plusieurs autres, dans diverses parties de la France, où elles étoient déjà d'une qualité inférieure. Elle fut l'effet d'un changement dans le régime et dans la nourriture. La France, pour recouvrer ses anciens avantages, convertira-t-elle ses champs fertiles, en friches et en déserts? Quand même il ne seroit pas certain que nos laines ne soutiendroient jamais la concurrence avec celles de la belle espèce *trasumante* d'Espagne, une pareille question ne mériteroit pas de réponse. La force et la vraie richesse d'un grand royaume, ont leur source dans la culture. Les troupeaux sont faits pour augmenter ses produits, et on ne doit leur abandonner, que ce qu'il est impossible de lui consacrer avec plus de fruit.

L'état actuel de la Sologne semble la mettre

dans cette position. Ses terres cultivées ne sont rien en comparaison de ses friches, de ses landes et de ses pâturages. D'ailleurs, les espèces de grains qu'elles produisent en petite quantité, n'ont qu'une foible valeur, et il paroîtroit, au premier coup d'œil, que le meilleur parti à tirer d'un semblable pays, seroit de le couvrir de troupeaux.

Cependant, si on calcule la surface de terrein, médiocrement fourni d'herbe, qui est nécessaire à la subsistance annuelle d'un mouton, et si l'on compare le produit de cet animal avec celui de cette surface cultivée ; on verra qu'en général l'avantage est pour la culture. Mais, si par des améliorations telles que nous les avons proposées, on parvenoit à augmenter dans un espace de terrein donné, et le produit des cultures, et le nombre des bêtes à laine, la question ne seroit plus douteuse. Dans plusieurs cantons du nord de la France où l'on a beaucoup défriché depuis vingt ans, le nombre de ces bestiaux s'est accru depuis un sixième, jusqu'à plus de moitié. On doit cette augmentation aux fourrages qu'ont produit les nouvelles cultures.

Trois choses concourrent en Sologne à la foiblesse des bêtes à laine, et s'opposent à l'amélioration de l'espèce. L'humidité de l'air et du sol ;

le

le défaut de nourriture et sa mauvaise qualité ;
la manière vicieuse dont on les gouverne.
Nous nous sommes assez étendus sur la nécessité
& sur les moyens de dessécher les terres, et
de multiplier les fourrages, pour être dispensés
de nous répéter ici. Ce que nous avons à dire
du soin des troupeaux dépend en partie de
ces deux opérations, et c'est ce qui nous fait
craindre, que nos préceptes ne soient pas de
nature à être mis incessamment en pratique.

Il y a long-tems qu'on se récrie contre les
bergeries trop resserrées, trop closes et trop
humides. On répète tous les jours, que ces
habitations dangereuses peuvent donner naissance à la plûpart des maladies que les bêtes
à laine contractent. Nous dirions encore volontiers avec l'auteur du *mémoire sur l'amélioration de la Sologne*, que les fourrages, ou les
feuillards exposés au-dessus de ces bergeries,
se chargent d'émanations très-mal saines. Nous
pourrions même ajouter, pour prouver à quel
point elles sont âcres et salines, que sur les
tuiles qui couvrent ces toits, on n'apperçoit
jamais aucune trace de végétation ni de mous-
ses, ni de lichens, et qu'après plusieurs années,
on les voit aussi bien conservées que si elles
avoient été mises à neuf tout récemment. Cette
remarque, que nous avons été à portée de faire

cent fois en Sologne, nous a convaincus, que les vapeurs qui s'élèvent des troupeaux renfermés, devoient être bien actives, puisqu'elles parvenoient jusqu'à la surface extérieure des tuiles ; qu'elles attaquoient même les cloux des lattes , et les décomposoient en peu de tems. Quels effets ne doivent pas opérer sur l'économie animale, des fourrages qui en sont pénétrés ! Nous indiquons l'abus et le danger ; l'un et l'autre subsisteront. On nous répondra par ce raisonnement si familier aux gens à préjugés de la Sologne : *nos pères qui n'agissoient que d'après l'expérience, l'ont pratiqué ainsi, et nous suivons leur exemple.* En agriculture , comme dans toute autre matière , il est également nuisible de se montrer trop empressé à adopter de nouvelles idées, et de suivre aveuglément les anciens usages ; c'est la raison seule , et non le caprice ou l'habitude , qui doit nous servir de guide. (1) .

On a déjà demandé pourquoi la Sologne ne faisoit pas parquer ses troupeaux dans les terres ; puisque cet usage étoit propre à fortifier l'espèce, qu'il économisoit les litières, et qu'il

---

(1) *Nos debemus et imitari alios, et aliter ut faciamus experientia tentare quædam ; sequentes non aleam, sed rationem aliquam.* Varr. lib. 1. cap. 18.

évitoit le transport des engrais? on à répondu:
que l'air et le sol étoient trop mal-sains, qu'il
y auroit à craindre les ravages des loups, et
que la forme des sillons dans les champs cultivés empêcheroit d'asseoir le parc. Une partie
de ces objections nous paroît fondée; mais
nous pensons qu'on les préviendroit toutes, en
établissant le parc domestique (1). Il auroit
en outre un avantage bien précieux; ce seroit
de fournir beaucoup plus de fumiers qui, par
leur exposition à l'air libre, acquerroient une
meilleure qualité. On a remarqué que les litières
qui pourrissoient dans les étables closes, pre-
noient un caractère de moisissure, qui les ren-
doit moins propres à favoriser la végétation.
Cette observation appliquée à d'autres circonstances, prouve que la putréfaction des
matières animales et végétales est bien diffé-
rente, lorsqu'elle a lieu avec le contact de
l'athmosphère, ou lorsqu'elle en est privée.
C'est pourquoi nous rejetterons la méthode
du fermier, cité par l'auteur du *mémoire sur
l'amélioration de la Sologne*, pour faire consommer promptement la litière dans les

---

(1) Le parc domestique est un enclos permanent, dans
lequel on pratique des toits ouverts sur les côtés, pour servir
d'abri aux troupeaux.

bergeries (1). Les émanations auxquelles elle doit donner lieu, ont d'ailleurs les mêmes inconvéniens que les pacages où l'eau est stagnante. Elles sont d'autant plus abondantes & malignes, que la chaleur de la bergerie et celle de la fermentation, favorisent leur développement. Ce procédé doit donc expofer les bêtes à laine à des maladies putrides.

On choisira pour le parc domeflique, un emplacement sain auprès des bâtimens de la ferme, et on lui donnera une étendue proportionnée au nombre des individus qu'il devra contenir. Les appentis seront garnis en dedans de rateliers, pour recevoir les fourrages. Les bestiaux pourront se tenir librement à l'air, ou sous les abris; et la nature dont les impulsions ne les trompent jamais, saura bien les diriger selon leurs besoins. On réservera de préférence, pour leur servir de pâturages, les endroits les plus élevés et les plus sains du domaine, sur-tout ceux où croît cette herbe fine si recherchée des moutons, et qui contribue tant à la beauté de leurs toisons. On se gardera de les conduire dans des fonds marécageux mal-sains, et par l'air qu'on y respire, et par la nourriture qu'ils produisent.

______

(1) Ce procédé consiste à arreser frequemment et abondamment les litières.

L'organisation des bêtes à laine est délicate, et on voit peu d'animaux dont la santé soit plus facilement altérée, par la quantité et par la qualité des alimens. On tirera un grand parti des différens fourrages d'hiver que nous avons invité à cultiver ; mais il faut avoir attention d'en régler la quantité, suivant qu'ils seront secs ou verds, et plus ou moins succulens de leur nature. L'exercice et le mouvement sont salutaires aux troupeaux ; on conservera l'habitude de les mener aux champs tous les jours, et dans toutes les saisons, lorsque le temps le permettra. Avec un tel régime, la terre et l'athmosphère une fois rendues saines par l'écoulement des eaux, on verroit sans doute l'espèce des bêtes à laine s'améliorer ; & c'est alors qu'on pourroit avec plus de succès la régénérer, soit en la renouvellant tout-à-fait, soit en croisant les races. Ce dernier parti nous semble le plus sûr.

Les mêmes causes qui changeroient la constitution des bêtes à laine, feroient aussi disparoître la plûpart des maladies locales, qui en enlévent un grand nombre chaque année. La plus meurtrière de toutes, est celle qu'on appelle la *maladie rouge*. Ce qu'on en a écrit jusqu'ici n'a pas même servi à déterminer son caractère, d'une façon précise. Les uns l'ont confondue avec la pourriture, et ont recommandé à cet effet, par une contradiction étrange, les boissons alkalisées. D'autres persistent à la regarder comme inflammatoire, et ils assurent l'avoir vue céder aux saignées pratiquées dès l'invasion du mal, et à l'usage des boissons légèrement aiguisées par l'acide vitriolique. Ces sentimens opposés ne nous apprennent rien, sinon que la méthode curative est fort incertaine ; elle est en outre dispendieuse, et la méthode préservative mérite à tous égards la préférence. C'est celle que nous avons recommandée, et l'observation en a prouvé d'avance l'efficacité ; puisqu'il est avéré que les troupeaux qui fréquentent des pâturages sains et élevés ; ceux qu'on a soin de bien nourrir l'hiver à l'étable, sont beaucoup plus rarement atteints de cette maladie.

CHAPITRE X.

Observations sur les étangs.

Nous ne considérerons les étangs que dans leur rapport avec l'écoulement des eaux, et la salubrité de la Sologne.

Il ne s'agit pas d'examiner si l'objet de consommation qu'ils procurent, est aussi utile qu'agréable ; il faut voir si ces amas d'eau n'entretiennent point un foyer de peste dans les lieux où ils sont multipliés, & si les propriétaires ne retireroient pas un égal profit de leur desséchement, et de la culture de leur terrein.

Les étangs dont les émanations exposent à moins de dangers, sont ceux qui, par leur profondeur et par leurs bords relevés, offrent moins de surface à l'air; dont le fond est moins promptement échauffé du soleil, et qui par conséquent s'évaporent avec moins de facilité. Or, presque aucuns des étangs de la Sologne ne sont ainsi disposés. La plûpart formés par des bassins plats, au milieu des plaines, ne doivent leurs eaux qu'aux pluies retenues sur un fond de glaise. La chaleur de l'été leur fait subir une diminution considérable, et souvent les dessèche entièrement. C'est alors que l'air se charge d'exhalaisons nuisibles aux hommes, aux bestiaux, et même aux récoltes du voisinage. Il paroît qu'on ne se fait pas toujours une idée précise de leur nature. Ce ne sont pas les vapeurs de l'eau putréfiée qui corrompent l'athmosphère : il est même rare que les eaux des étangs, pour peu qu'elles soient en masse suffisante, contractent cette altération ; mais ce sont les substances gazeuses acides, alkalines et inflammables, qui se dégagent des rives bourbeuses , lorsqu'elles sont mises à sec. Les vents agiteront en vain cette surface infecte, ils ne serviront qu'à propager son air destructeur.

Nul motif d'intérêt ni d'agrément, n'est fait pour balancer un seul instant les grandes raisons de la santé de toute une contrée , et de sa population. Nous serions donc déjà autorisés à demander, avec le célébre agriculteur-physicien M. l'abbé Rozier, la suppression des étangs ; mais en prouvant, comme il le fait, qu'il n'est presque pas d'étang dont le sol mis en culture , ne devînt plus lucratif à son propriétaire, il nous semble qu'il ne reste plus d'objection fondée à opposer. Nous renvoyons à l'article de son *dictionnaire*, où il traite cet objet, et nous invitons à le lire en entier.

Il faut convenir néanmoins, que la suppression de tous les étangs qui couvrent la Sologne , augmenteroit sensiblement le prix du poisson, dans les autres parties de la province auxquelles elle en fournit. Cette rareté donnant plus de valeur aux étangs, ils n'admettroient bientôt plus la concurrence de la culture , et l'intérêt si prompt à calculer ses avantages, ne tarderoit pas à les rétablir.

Ainsi nous ne demanderons pas qu'on proscrive

proscrive absolument ce genre de propriété auquel on paroît si attaché ; mais nous ne cesserons de solliciter pour qu'on en réduise le nombre , et sur-tout pour que le gouvernement fasse disparoître tous ceux, qui par leur position, par la nature vaseuse de leurs fonds, par la quantité précaire de leurs eaux, par le défaut de courans, d'issues, et d'eaux vives, apporteroient des obstacles à l'objet important de salubrité et d'amélioration, qui nous fait désirer le desséchement des terres de la Sologne. L'intérêt particulier réclamera peut-être contre un pareil acte d'autorité ; mais sa voix mérite-t-elle d'être écoutée, lorsque celle du salut public se fait entendre ?

CHAPITRE XI.

Observations sur les bois.

La Sologne, outre ses forêts, avoit toujours été couverte de bois épars çà et là , ou réunis par bouquets dans les dépendances de chaque domaine. Cette production, presque sans valeur anciennement , sembloit même être à charge aux propriétaires. On eût préféré de voir le terrein qu'elle occupoit, converti en culture, ou en pacages ; mais on étoit arrêté par les dépenses d'exploitation, de défrichement, et par le manque de débouchés.

Depuis un certain nombre d'années, la consommation du bois s'est accrue à un dégré étonnant. Le luxe toujours ingénieux à étendre la sphère de nos besoins, a répandu ses progrès de la capitale jusques dans les villes de province. Les lieux circonvoisins ont été rapidement dépouillés : la multiplicité des routes, les canaux de navigation ont reculé les limites de cette dévastation générale ; enfin les choses en sont venues au point, qu'on nous fait craindre d'être bientôt réduits au grandes forêts de la couronne, et à celles de quelques communautés.

A mesure que la cherté progressive des bois s'est fait sentir dans la province, ceux de la Sologne, que les frais de voiture empêchoient auparavant d'être exportés, l'ont été avec profit. On a insensiblement dégarni les lisières de la grande route : d'abord aux environs d'Orléans ; puis autour des autres chefs-lieux, qui peu-à-peu tendent à se monter au ton de leur capitale. Actuellement il n'y a de riches en grands bois dans la Sologne, les forêts exceptées, que certains cantons où les débouchés manquent. Qu'on leur en procure , et nous osons assurer qu'en peu d'années on verra disparoître leurs futaies.

Mais pourquoi le haut prix de cette rare denrée , n'excite-t-il pas les tenanciers riverains des routes et des rivières navigables, à couvrir leurs dépendances de plantations ? Pourquoi n'y consacrent-ils pas au moins quelques portions de ces terreins vagues et stériles, qui y sont si communs ? En voici la raison : c'est qu'un des effets les plus pernicieux du luxe , est de ne nous faire connoître d'autres jouissances que celles du moment : c'est qu'il détourne nos affections les plus naturelles et les plus pures, vers des objets fantastiques et puériles : c'est qu'il a infecté notre siécle d'un nouveau vice , l'égoïsme , ce sentiment dépravé qui isole l'homme au milieu de ses semblables , ou qui, le plus souvent, altère dans son cœur la pureté des vertus sociales. Tel père ne voit que des héritiers dans ses enfans ; et loin de penser à leur postérité par des établissemens dont elle seule tireroit le fruit, il calcule ses dépenses avec son âge, et ne se permet que celles dont il se flatte de jouir lui-même.

Nous ne pouvons attribuer à un autre motif, tant de futaies remplacées par des taillis (1) , et les conseils de certains agri-culteurs modernes qui, sans doute pour con-descendre à la disposition actuelle des esprits, recommandent la culture des pins, des bou-lots et de plusieurs autres arbres, dont le seul avantage, pour ainsi dire, est d'avoir un ac-croissement très-prompt.

Nous ne donnerons point d'avis particu-liers pour la culture des bois en Sologne: cette matière a été traitée à fond. Nous dirons seulement que le chêne est le plus utile et le meilleur des arbres; que dans nos climats, il mérite la préférence sur tous les autres, et qu'il est peu d'endroits en Sologne, où il ne réussisse. Quant aux moyens de prévenir la dégradation des bois qui existent, et d'en-gager les propriétaires à multiplier les plan-tations; nous n'en voyons de praticables que dans l'exécution sévère des ordonnances des eaux et forêts, dans de nouveaux réglemens propres aux circonstances, et dans des encou-ragemens convenables. Le reste dépend d'une

---

(1) On nous dira peut-être qu'il ne faut pas chercher d'autre raison de cette préférence accordée aux taillis, que celle des avantages réels de leur produit, comparé avec celui des futaies. Nous pensons que pour établir avec quelque justesse une semblable comparaison, il faudroit connoître quel sera le prix des gros bois dans 150 ans.

révolution dans les mœurs : malheureusement rien ne semble nous la promettre.

CHAPITRE XII.

Observations sur quelques nouvelles cultures, et sur divers produits de l'économie rurale.

Il paroît certain qu'on cultivoit autrefois beaucoup plus de vignes en Sologne, qu'il n'y en a actuellement. On en voit cependant encore dans les environs des villes, des bourgs, des hameaux, et même dans quelques métairies. Nous pensons que le vignoble de la Sologne n'a été négligé qu'à mesure que celui des bords de la Loire s'est accru, et qu'il a fourni aux habitans de l'intérieur, des vins à un prix modéré, et d'une meilleure qualité. L'humidité du sol, et la glaise qui s'y trouve toujours à peu de profondeur sous le sable, ne sont nullement favorables à la vigne. Ils l'exposent à des gelées fréquentes, et ne doivent lui faire produire que des vins foibles. Aussi ceux de la Sologne sont-ils très-mauvais en rouge, et généralement au-dessous du médiocre en blanc. Ni les uns, ni les autres ne sont susceptibles d'être conservés. Il ne faut pas croire que ce soit seulement à cause des caves trop peu profondes et mal construites ; ce défaut provient encore plus de la nature de la liqueur. Elle manque de tartre ; et la matière muqueuse qui y domine, est dépourvue du principe sucré, si nécessaire à la fermentation vineuse, et à la formation de l'esprit ardent. Rien ne le prouve mieux que la lenteur des vins rouges à fermenter, et la disposition qu'ils ont, ainsi que les blancs, à passer à la putridité. On laisse ordinairement cuver les premiers depuis 8 jusqu'à 20 jours, et quelquefois plus, selon les cantons, la température, et la maturité du raisin.

Nous ne conseillerons point de planter des vignes en Sologne ; elles exigent des avances trop considérables, et n'offrent pas assez de profit aux cultivateurs.

Nous ne proposerons point le chanvre comme une nouvelle culture, puisqu'il existe déjà en Sologne. Nous inviterons seulement à l'augmenter, vû son importance et sa cherté progressive. Il demande un sol très-ameubli, et nourri de terre végétale. Sans doute on le verroit réussir dans les fonds d'étangs bien labourés, et dans tous les lieux qui présenteroient la même nature de terrein. Au reste nos avis pour la multiplication des fourrages et des fumiers , trouvent encore ici une heu-reuse application. Les craintes de M. l'abbé Tessier , relativement à l'odeur infecte qui s'exhale du chanvre dans le rouissage , ne doivent point arrêter. Il seroit facile d'en pré-venir les dangereux effets ; soit en effeuillant le chanvre , soit en pratiquant le rouissage avec l'alkali caustique , soit en se servant d'une eau vive , ainsi que l'a enseigné un des membres de l'académie (1).

La *gaude* , ou herbe à jaunir, (*reseda luteola*) dont les teinturiers font usage , pour-roit être cultivée avec fruit dans quelques en-droits de la Sologne. Il lui faut une terre légère , sabloneuse , et profondément dé-foncée. Sa racine pivotante n'épuiseroit point le sol destiné aux grains, et elle seroit propre à alterner, ou à être semée avec des plantes à racines fibreuses , dont la récolte se feroit en même tems.

Une autre plante dont on tireroit un parti utile dans quelques cantons secs, c'est le *carthame*, ou safran bâtard , (*carthamus tinctorius*) que nous sommes le plus souvent obligés de demander à l'étranger. On trouveroit

---

(1) M. Prozet, *mem. sur le rouissage du chanvre* , qui a obtenu l'*accessit* à la société d'agriculture de Lyon.

peut-être encore de nouvelles cultures à introduire en Sologne ; mais elles ne formeroient qu'un objet très-circonscrit , comparées à celle des grains et des fourrages : c'est pourquoi nous nous contentons d'indiquer les deux végétaux qui nous ont paru mériter le plus d'attention.

Quelques colons élèvent en Sologne des abeilles, dont le miel et la cire ont des qualités bien opposées. Le miel y est d'une couleur jaune foncée, et d'un goût âcre et désagréable ; tandis que la cire en est ferme, séche et susceptible de prendre un beau blanc. On attribue l'état opposé de ces deux substances aux fleurs des bruyères, des genets et des geniévres, que l'abeille fréquente avec prédilection. Il faudroit s'assurer si effectivement ces fleurs influent, d'une manière spéciale, sur les qualités contraires du miel et de la cire à la fois (1), ou si elles ne modifient que l'un ou l'autre. Peut-être ne seroit-il pas impossible de tirer un parti utile de cette

––––––––––––––––––––––––

(1) Il paroît que les choses ont lieu ainsi. On a remarqué que dans les endroits où croît le buis , les abeilles donnoient une belle cire ; mais que le miel en étoit amer. Le meilleur miel de France se recueille en Languedoc, en Dauphiné , dans le Gâtinois, et en Champagne ; tandis que la cire y est grasse et difficile à blanchir. La plus rebelle découverte.

découverte. Les ruches sont , pour quelques pauvres métayers, une branche de revenu qui les aide à se soutenir , et qui mérite d'être encouragée.

Nous connoissons en Sologne quelques plantations de mûriers. Il y en a deux assez considérables; l'une à Mézières, l'autre à Marcheval. L'éducation des vers-à-soie , apparemment confiée à des personnes négligentes ou peu entendues, n'y a eu jusqu'à présent aucun succès. Deux demoiselles Provençales faisoient, il y a plusieurs années, à Romorentin, une éducation moins étendue ; mais elles la conduisoient avec beaucoup de soin et d'intelligence. Nous ignorons à quoi il faut attribuer le peu de réussite qu'elles éprouvent depuis quelque tems, et qui paroit les dégouter de cette entreprise. L'administration, en leur accordant des encouragemens , les exciteroit sans doute à faire de nouveaux efforts , et

---

au blanchiment est celle des pays de vignobles. Un voyageur moderne (*) dit que le royaume de Pégu fournit beaucoup de cire d'une excellente qualité ; et que le miel a ceci de particulier, qu'il n'est pas seulement d'un goût désagréable ; mais qu'il est encore très-nuisible à la santé. Tel étoit vraisemblablement celui des environs de Trébisonde, qui purgea si violemment les dix mille Grecs , au rapport de Xenophon.

(*) *A concise account of the kingdom of Pegu*, by W. Hunter.

L

conserveroit dans une ville pauvre, une branche de produit qui tient à l'agriculture et à l'industrie. Si les essais commencés pour l'éducation des vers-à-soye en plein air, et dont un des membres de l'académie (1) a rendu compte au public, avoient tout le succès qu'ils ont semblé promettre; ces établissemens deviendroient moins embarrassans, et moins dispendieux; il y auroit alors un avantage décidé à les multiplier.

Enfin les basses-cours font une des principales ressources des gens de la campagne, lorsqu'ils sont à la proximité des villes, et des autres débouchés. Les porcs, les chevreaux, les oies (2); toute espèce de volaille; des fro-

____

(1) M. l'abbé d'Auteroche de Talsy.

(2) Les chèvres dégradent les domaines, et leur dent est mortelle aux arbres et aux plantes. Il y a des ordonnances qui prononcent des amendes et des confiscations, contre ceux qui mènent paître ces animaux par-tout où ils peuvent causer du dommage. Les propriétaires ne les souffrent qu'avec peine à leurs fermiers, et plusieurs usent souvent du droit qu'ils ont de les tuer, dans les lieux de leur territoire où ils les rencontrent. En nourrissant les chèvres à l'étable, on se mettroit à l'abri de leurs dégats; le pauvre métayer conserveroit un moyen de subsistance qu'on ne peut lui ravir sans inhumanité, et il y trouveroit encore, par l'abondance du lait et par les fumiers, les mêmes avantages que nous avons fait valoir en parlant des vaches.

mages maigres, des œufs &c., leur composent souvent un revenu équivalent à celui
de la culture, et sans lequel ils ne pourroient s'acquitter envers le roi et les propriétaires.

C'est donc un devoir et une justice, que
de faciliter à ces malheureux le transport de
leurs denrées aux bourgs, aux marchés et aux
foires. Elles sont très-fréquentes en Sologne,
et elles auroient toute l'utilité qu'on s'est pro-
posée en les instituant, si les chemins qui y
conduisent étoient rendus praticables, et soigneusement entretenus.

En déplorant le sort d'une malheureuse
contrée, où presque tout ce qui a vie porte
l'empreinte d'une existence frêle et laborieuse,
on ne peut s'empêcher d'admirer le contraste
frappant que présentent, d'un autre côté, ses

On prétend aussi que les oies nuisent aux prairies et aux
pâturages, en ce qu'elles pincent l'herbe de fort près, et que
leur fiente en brûle jusqu'à la racine. Mais, est-ce un inconvénient que ces oiseaux trouvent de la nourriture, où les
bestiaux n'en peuvent plus prendre? L'autre sujet de crainte
ne paroît pas mieux fondé. On a observé qu'en effet la fiente
des oiseaux de basse-cour étoit très-saline, et que ramassée
en quantité sur les plantes, elle desséchoit leurs feuilles, sans
cependant détruire les racines. Dès qu'il survient une pluie,
les sels se dissolvent, et l'herbe repousse avec plus de
vigueur.

sites champêtres et pittoresques, et la variété de ses productions. Sans cesse la nature y paroît opposée à elle même ; on voit que c'est à regret qu'elle s'y montre inégale, et qu'elle n'attend qu'un généreux effort de l'être qui doit jouir de ses bienfaits, pour achever d'embellir la scène, en répandant par-tout l'abondance et la salubrité.

Nous n'avons rien dissimulé de ce qu'il convenoit de faire, pour opérer cette révolution désirée. Dans un siècle où, par un assemblage aussi monstrueux que bizarre, les progrès de la raison et de la philosophie, semblent marcher d'un pas égal avec ceux du luxe et de la corruption, est-il permis de croire que notre voix sera écoutée ? Osons l'espérer.

Un nouvel ordre de choses se prépare : tout nous annonce que du sein même de la détresse et des troubles, vont naître l'aisance et la tranquillité. Déjà le patriotisme germe dans les cœurs ; et l'on reconnoit enfin que les intérêts des citoyens et ceux de l'état sont les mêmes. Princes, ministres, administrateurs, magistrats, tous fléchissent devant l'opinion publique ; et le vice, en se parant du masque de la vertu, est au moins forcé de lui rendre un hommage extérieur. Trop heureux encore les peuples, lorsque ces hommes arbitres ou dépositaires de leurs droits , respectent le tribunal d'un juge qui , tôt ou .tard , voue leurs noms à la reconnoissance ou à l'exécration de la postérité !

La régénération d'une province n'étale ni l'éclat des victoires , ni le faste de ces vains monuments auxquels on attache faussement la gloire des empires. Couvrir un sol ingrat et désert d'habitans et de productions, en bannir la langueur et la misère ; voilà les conquêtes digne d'un souverain philosophe : conquêtes légitimes , qui, doux fruits de la paix, apporteroient un surcroît de richesses toujours renaissantes ; et qui, loin de s'acheter au prix du sang des hommes, donneroient de nouveaux bras à l'agriculture et aux arts ; à l'état, de nouveaux défenseurs.

F I N.

ERRATA.

PAGE 8, *ligne dernière*; le soins, *lisez*, les soins

Pag. 24, *lign. avant-dern.*; les ibéralités, *lisez*, les libéralités

Pag. 56, *lign.* 15; dégénération des espèces, *ajoutez*, occasionnée

T A B L E.

Fin de la Table.

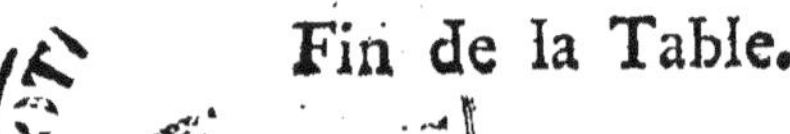

PRIVILÉGE GÉNÉRAL.

LOUIS PAR LA GRACE DE DIEU, ROI DE FRANCE ET DE NAVARRE. A nos amés et féaux conseillers, les gens tenans nos cours de parlement, maître des requêtes ordinaires de notre hôtel, grand conseil, prévôt de Paris, baillis sénéchaux, leurs lieutenans civils, et autres nos justiciers qu'il appartiendra : SALUT. Notre amée l'académie royale des sciences, belles-lettres et arts d'Orléans, nous a fait exposer que toujours dévouée à des travaux et occupations littéraires utiles à l'état, elle avoit besoin de nos lettres de privilége pour faire imprimer ses ouvrages, ceux des académiciens qui la composent, et ceux qu'elle auroit approuvés parmi les pièces qui lui ont été ou pourront être adressées pour le concours des prix qu'elle distribue : A CES CAUSES, voulant favorablement traiter notre dite académie, nous lui avons permis et permettons, par ces présentes, de faire imprimer conjointement où séparément, par tel imprimeur qu'elle voudra choisir, et ce, pendant dix années consécutives, à compter du jour des présentes, et de faire vendre et débiter par tout notre royaume, tous les ouvrages de sciences, belles-lettres et arts qu'elle auroit faits, où pourroit faire, ceux des académiciens qui la composent, autant qu'ils traitent des objets que notredite académie s'est proposé de cultiver, et encore ceux qu'elle auroit approuvés ou pourroit approuver, parmi les pièces envoyées au concours pour les prix qu'elle distribue : le tout en tel volume, format, marge, caractères, et autant de fois que bon lui semblera; sans toutes-fois, qu'à l'occasion des ouvrages ci-dessus spécifiés, il puisse en être imprimé d'autres, et à condition que les ouvrages des académiciens de notredite académie porteront après le titre, le nom de leur auteur, et ne pourront être imprimés, ainsi que les pièces qui auront concouru pour les prix, qu'après avoir été préalablement examinés par trois commissaires, au moins, choisis par notredite académie, dans le nombre de ses membres et approuvés par notredite académie, d'après le compte que lesdits commissaires en rendront dans une assemblée ordinaire, de quoi le secrétaire de notredite académie, délivrera un certificat signé du directeur et de lui, lequel sera imprimé, en tête ou à la fin de l'ouvrage, à la suite du présent privilége : faisons défenses à toutes sortes de personnes de quelque qualité et condition qu'elles soient, d'en introduire d'impression étrangère dans aucun lieu de notre obéissance : comme aussi à tous libraires et imprimeurs, d'imprimer ou faire imprimer, vendre, faire vendre et débiter lesdits ouvrages, en tout où en partie, et d'en faire aucunes traductions où extraits, sous quelque prétexte que ce puisse être, sans la permission expresse et par écrit de ladite exposante ou de ceux qui auront droit d'elle, à peine de confiscation desdits exemplaires contrefaits et de six milles livres d'amende, qui ne pourra être modérée pour la première fois; de pareille amende et de déchéance d'état en cas de récidive, et de tout dépens, dommages et intérêts, conformément à l'arrêt du conseil du 30 août 1777, concernant les contrefaçons, à la charge que ces présentes seront enrégistrées tout au long sur le registre de la communauté des imprimeurs et libraires de Paris dans trois mois de la date d'icelles, que l'im-

pression desdits ouvrages sera faite dans notre royaume
et non ailleurs, en bon papier et bons caractères, conformément aux réglements de la librairie ; qu'avant de
les exposer en vente, les manuscrits ou imprimés qui
auront servi de copie à l'impression desdits ouvrages,
seront remis ès-mains de notre cher et féal chevalier
garde des sceaux de France, le sieur HUE DE MIRO-
MÉNIL, commandeur de nos ordres ; qu'il en sera ensuite
remis deux exemplaires dans notre bibliothèque publique;
un dans celle de notre château du Louvre, et un dans celle
de notre très-cher et féal chevalier chancelier de France,
le sieur de MAUPEOU, et un dans celle dudit sieur de
MIROMÉNIL, le tout à peine de nullité des présentes,
du contenu desquelles vous mandons et enjoignons de
faire jouir ladite exposante et ses ayans causes, plei-
nement et paisiblement, sans souffrir qu'il leur soit
fait aucun trouble où empêchement. VOULONS que la
copie des présentes, qui sera imprimée tout au long
au commencement où à la fin desdits ouvrages, soit
tenue pour duëment signifiée, et qu'aux copies col-
lationnées par l'un de nos amés et féaux conseillers
secrétaires, foi soit ajoutée comme à l'original. Com-
mandons au premier notre huissier ou sergent sur ce
requis, de faire pour l'exécution d'icelles, tous actes
requis et nécessaires, sans demander autre permission,
et nonobstant clameur de Haro, chartre Normande et
lettres à ce contraires : CAR TEL EST NOTRE PLAISIR.
Donné à Versailles le quatorzième jour de Février, l'an
de grace mil sept cent quatre-vingt sept, et de notre
règne le treizième, par le ROI en son conseil.

Signé **LE BEGUE** avec grille et paraphe.

*Registré sur le registre XXIII de la chambre royale et
syndicale des libraires et imprimeurs de Paris, n°. 1080,
fol. 170, conformément aux dispositions énoncées dans le
présent privilége, et à la charge de remettre à ladite chambre
les neuf exemplaires prescrits par l'arrêt du conseil du 16
avril 1785, à Paris le 6 mars 1787.*

Signé *KNAPEN*, syndic.

EXTRAIT *des registres de l'académie royale des sciences, arts et belles-lettres d'Orléans.*

MM. MASSUAU DE LA BORDE, DE FAY, et FOUGEROUX DE SECVAL, ayant rendu compte d'un ouvrage de M. DE FROBERVILLE, intitulé : *Vues générales sur l'état de l'agriculture dans la Sologne, et sur les moyens de l'améliorer*, l'académie a jugé cet ouvrage digne de son approbation et d'être imprimé sous son privilége : en foi de quoi nous avons signé le présent extrait. A Orléans le 7 Juin 1788.

SEURRAT DE GUILLEVILLE,   MARCANDIER,
     vice-directeur.   *à la place du* secrétaire.

9 782329 567570